ZEITSCHRIFT FÜR ANGEWANDTE GEOLOGIE

HERAUSGEGEBEN VON
DER STAATLICHEN GEOLOGISCHEN KOMMISSION
UND DER ZENTRALEN VORRATSKOMMISSION
DER DEUTSCHEN DEMOKRATISCHEN REPUBLIK

AUS DEM INHALT

BAND 9 / HEFT 1
JANUAR 1963
SEITE 1–56

AKADEMIE-VERLAG · BERLIN

Die ZEITSCHRIFT FÜR ANGEWANDTE GEOLOGIE berichtet ständig über folgende Arbeitsgebiete: Geologische Grundlagenforschung und Lagerstättenforschung / Methodik der geologischen Erkundung / Ökonomie und Planung der geologischen Erkundung / Technik der geologischen Erkundung / Geologie und Lagerstättenkunde im Ausland. In der Zeitschrift können alle strittigen Fragen der praktischen Geologie behandelt werden. Die Autoren übernehmen für ihre Aufsätze die übliche Verantwortung.

Berichtigung

Im Beitrag von K. Hoth & W. Lorenz „Zur Diskussion über die neuen Symbole für geologische Karten“, Z. angew. Geol., Bd. 8 (1962), H. 10, S. 542—548, müssen die letzten Zeilen der Symboldarstellung auf S. 548 richtig heißen:

${}^{A}\ell b$ Qie	Amphibolit-Blocklehm, Eem-Warmzeit
${}^{d}{}_{s}\bar{g}$ Q	Dolomitmarmor-Grieß, stark grusig, Quartär, allg.

Die Redaktion

ZEITSCHRIFT FÜR ANGEWANDTE GEOLOGIE

KOLLEKTIVE CHEFREDAKTION

Dr. K. KAUTER (Redaktionssekretär)
Dr. F. STAMMBERGER
Dr. G. TISCHENDORF
Dipl.-Berging.-Geol. G. ZINDLER

BAND 9 · JANUAR 1963 · HEFT 1

Zum VI. Parteitag der SED [1)]

KARL-HEINZ SCHÄFER & SIEGFRIED LÄCHELT, Berlin

Auf dem 17. Plenum des ZK der SED wurde die Einberufung des VI. Parteitages beschlossen. Diese Tatsache ist von großer Bedeutung für die weitere Entwicklung des gesellschaftlichen Lebens in der DDR. In den veröffentlichten Dokumenten werden besonders auf wirtschaftlichen und wissenschaftlichen Gebieten neue qualitativ höhere Aufgaben gestellt, die die umfassende Mitarbeit und das Mitdenken jedes Bürgers der DDR erfordern. In der Geologie geht es besonders um zwei Hauptfragen:

1. die Erhöhung des wissenschaftlich-technischen Niveaus der gesamten Erkundungstätigkeit einschließlich der Bohr- und Umbautechnologien, besonders bei der Vorbereitung und Durchführung der Tief- und Basisbohrungen zur Klärung der tieferen geologischen Schichten;

2. die schnelle Klärung der Erdöl- und Erdgasperspektive und die Forcierung einer optimalen Förderung, um der an Bedeutung ständig wachsenden petrolchemischen Industrie in einem höchstmöglichen Maße eigene Rohstoffe zur Verfügung stellen zu können.

Das erfordert, mit aller Konsequenz die Forschungstätigkeit praxisverbundener und stärker auf die Schwerpunkte ausgerichtet durchzuführen. Für die geologische Forschung und Erkundung ergibt sich daraus, die Arbeit auf allen Ebenen auf eine qualitativ höhere Stufe zu heben. Der im Wettbewerbsaufruf der Büromaschinenwerker aus Sömmerda formulierte Grundsatz: „Gründlich denken, ehrlich arbeiten, wirtschaftlich rechnen, wissenschaftlich forschen und kulturvoll leben!" ist auch im Industriezweig Geologie voll gültig und bildet die Arbeitsgrundlage. Wie in diesem Betrieb und auch in den Wettbewerbsaufrufen der anderen Industriezweige der DDR kann und muß die Vorbereitung des VI. Parteitages der Sozialistischen Einheitspartei Deutschlands an den konkreten Problemen des eigenen Industriezweiges erfolgen. So wie in allen Industriezweigen der wissenschaftlich-technische Fortschritt das Kernstück der weiteren Arbeit darstellt, müssen auch die Probleme der Geologie gesehen werden. Im folgenden sei deshalb auf einige grundsätzliche Probleme der Entwicklung und Aufgaben der Geologie eingegangen, die in der weiteren Auswertung des 17. Plenums in den Grundorganisationen der Betriebe sowie der Forschungszentren beachtet werden müssen.

[1)] Eingang des Manuskripts in der Redaktion: 25. 10. 1962

Worauf kommt es in der Geologie besonders an?

Zweifellos konnten auf dem Gebiet der Geologie in den letzten Jahren bedeutende Erfolge und Fortschritte erzielt werden. In verschiedenen Teilen der DDR wurden Erdöl- und Erdgaslagerstätten nachgewiesen. Besonders in den nördlichen Bereichen der DDR sind durch Kartierungs- und Erkundungsarbeiten neue geologische Erkenntnisse gewonnen worden, die in einigen Fällen zur Revision der bisherigen geologischen Vorstellungen führten und führen. Bei einer Reihe volkswirtschaftlich wichtiger Rohstoffe konnte die Vorratsbasis für viele Jahre erweitert und die Lebensdauer einiger Werke entscheidend verlängert werden.

Ungeachtet dieser allgemein bekannten Erfolge steht jetzt vor der gesamten geologischen Forschung und Erkundung die Aufgabe der weiteren schnellen Verbesserung ihrer Arbeit.

Neben der bisherigen Aufgabenstellung: zu erkunden und Lagerstätten nachzuweisen, ist es jetzt notwendig, sich umfassendere Ziele zu stecken. Es geht darum, ohne Einschränkung des Erkundungsauftrages für die volkswirtschaftlich wichtigsten Rohstoffe in den nächsten Jahren die weitere Lagerstättenperspektive zu klären. Bei einem Vergleich der ökonomisch-lagerstättenkundlichen Situation der DDR mit den Nachbarländern, insbesondere mit der ČSSR und der VR Polen, ist ein deutliches Zurückbleiben im Auffinden neuer Lagerstätten zu beobachten, obwohl gerade Deutschland einst zu den führenden Ländern im Hinblick auf die geologische Erforschtheit gehörte und auf eine jahrhundertealte Bergbautradition zurückblicken kann. Selbst auf dem Gebiet der geologischen Kartierung, die bekanntlich die Grundlage für jede weitere geologische Arbeit bildet, gab es viele Jahre hindurch eine starke Unterschätzung, so daß es zum gegenwärtigen Zeitpunkt noch immer geologisch weiße Flecken auf der Karte der DDR gibt. Die Schließung dieser Lücke ist deshalb eine der notwendigsten Aufgaben, da sonst die Klärung der Perspektiven der wichtigsten Bodenschätze nicht möglich ist. Die Lösung einer solchen Aufgabe wie die Klärung der Lagerstättenperspektive ist jedoch nicht nur auf der Basis der Geowissenschaften zu erreichen. Ähnlich wie in der Sowjetunion müssen auch in unserer Republik andere Wissenszweige, wie die Chemie, die Mathematik und die Geophysik, umfassender als bisher in die geologische Forschung und Erkundung einbezogen werden. Allein schon auf dem Gebiet der Dokumentation und Auswertung sollten solche Verfahren wie spezielle Lochkartensysteme und die mathematische Statistik in breitem Umfang angewendet werden. Die Methoden der Wahrscheinlichkeitsrechnung, der Radiometrie und künstlichen Radioaktivität, der massenweisen geochemischen Prospektion und die Einführung von Schnellanalysen auf den verschiedenen Untersuchungsgebieten, müssen im Zusammenhang mit den gestellten Problemen auf die ihnen entsprechend der internationalen Erfahrung zukommende Stufe gehoben, entschlossen ausgearbeitet, übernommen und eingesetzt werden.

Es geht aber nicht nur darum, eine Einschätzung der Lagerstättenperspektive für die Fläche der DDR zu erlangen. Auf dem 17. Plenum des ZK der SED wurde besonders eindringlich die Erforschung des tieferen Untergrundes, besonders des Präzechsteins gefordert. Im Referat des Genossen WALTER ULBRICHT heißt es dazu: „Es ist notwendig, der geologischen Untersuchung, vor allem auch der tieferen Schichten, größere Aufmerksamkeit zu widmen.“ Die Erfüllung der von der Partei gestellten Aufgabe ist von enormer volkswirtschaftlicher Bedeutung, hängt doch von ihr die Erdölperspektive unserer Republik ab. Für die Geologie bedeutet diese Forderung, zum Teil geologisches Neuland zu betreten. Deshalb müssen eine gründliche wissenschaftliche Vorarbeit und eine materiell-technische Sicherung gewährleistet werden. Der bisherige Verlauf und die Ergebnisse, z. B. der Basisbohrungen, die die Hauptmethode zur Lösung dieser Frage darstellen, lassen aber eine deutliche Unterschätzung erkennen. Allein schon der Ansatz der Bohrpunkte für diese Bohrungen erfordert die schnelle Lösung und Sicherung einer Reihe von Fragen und Problemen. So muß besonders die Geophysik kurzfristig die Methodik der Tiefenseismik verbessern, um schnell verwertbare Meßergebnisse, besonders für die Horizonte des Präzechsteins, liefern zu können. Die besten wissenschaftlichen und praktischen Kader müssen unter Ausnutzung aller internationalen Erfahrungen zur schnellen Lösung dieses Problems eingesetzt werden. Die Ansatzpunkte der Basisbohrungen wurden in der Vergangenheit entgegen dem Projekt oft abgeändert. Eine allseitige und richtige geologische Begründung sowie die vollständige Auswertung aller bisher vorhandenen geologischen Unterlagen schließt in Zukunft einen solchen Wechsel der Ansatzpunkte aus. So etwas wird nicht mehr geduldet werden.

Sowohl in wissenschaftlicher als auch in materielltechnischer Hinsicht stellen die Basisbohrungen eine besondere Kategorie dar und müssen als eine solche behandelt und bewertet werden. In der Sowjetunion zum Beispiel unterliegen die Projekte der Basisbohrungen im Unterschied zu allen anderen geologischen Untersuchungen einer besonderen Bestätigung. Es ist auch bei uns an der Zeit, von allgemeinen Zustimmungserklärungen abzukommen, endlich den Basisbohrungen ihr wahres Gewicht beizulegen und sie in eine besondere Nomenklatur aufzunehmen.

Bei der Lagerstättenerkundung geht es besonders darum, in den nächsten Jahren für die wichtigsten Betriebe der Republik die Bevorratung der Werke über die gesetzlich vorgeschriebene Zeit hinaus bis auf mindestens 35—50 Jahre zu erhöhen. Das ist sowohl für die Perspektive der Betriebe selbst als auch besonders für den richtigen Einsatz der Investitionen von großer Bedeutung.

Wie muß diese Aufgabenstellung realisiert werden?

Sowohl an den Geologen als auch an den Techniker stellt eine solche umfassende und komplizierte Aufgabenstellung hohe Anforderungen. Insbesondere müssen durch eine exakte Planung aller geologischen Arbeiten und durch eine gut durchdachte und straffe Arbeitsorganisation allgemein die Voraussetzungen für eine erfolgreiche geologische Forschung und Erkundung geschaffen werden.

In der geologischen Erkundung und besonders in der Erdölerkundung gab es bis in die jüngste Vergangenheit eine starke Verzettelung. Im Bericht des Politbüros an die 17. Tagung des ZK hebt Genosse Dr. GÜNTER MITTAG eindeutig hervor, daß die Festlegung der Planaufgaben nicht genügend auf die Schwerpunkte ausgerichtet war. Die Zersplitterung war sehr aufwendig und führte dazu, daß wir auf entscheidendem Gebiet nicht schnell genug vorangekommen sind. Jetzt, wo ein gewisser geologischer und geophysikalischer Vorlauf erreicht und bestimmte Erfahrungen gesammelt sind, ist die Konzentrierung der Kräfte zu einer unbedingten Notwendigkeit geworden. Das trifft nicht nur für die Erdölerkundung, sondern auch für die Erkundung im Bereich der VVB Feste Minerale und auch für die geologische Forschung zu.

Ein besonderer Schwerpunkt ist die materiell-technische Sicherung der aufgezeigten Aufgaben. Dabei sind besonders zwei Seiten zu beachten. Einmal muß entsprechend den internationalen Daten die Auslastung der Technik auf das Niveau der führenden Länder gehoben und zweitens muß eine spezielle materialmäßige und kadermäßige Sicherung des Erbohrens tiefer Horizonte durch besonders festgelegte Maßnahmen gesichert werden.

Eine einwandfreie, zielgerichtete Erkundung erfordert weiterhin die Ausarbeitung und Festlegung von Konditionen. Jede Erkundung, die gegenwärtig ausgeführt wird, birgt die Gefahr in sich, zu Außerbilanzvorräten zu gelangen. Zur Erarbeitung von verbindlichen Konditionen sollten verstärkt ehrenamtliche Kollektive gebildet und herangezogen werden. Auch in der Projektierungstätigkeit gibt es noch ernsthafte Mängel. Die Qualität der Projekte entspricht nicht in jedem Fall den Anforderungen. Oft werden Projekte formal angefertigt. Dabei werden nicht alle materiell-technischen und geologischen Seiten ausreichend ausführlich und aufgegliedert dargestellt. Die Ökonomie wird nicht umfassend genug dargelegt. Solche wichtigen Fakten wie der Nachweis, daß das jeweils vorliegende Projekt die günstigste ökonomische Variante darstellt, fehlen häufig. Es muß auch mehr darauf geachtet werden, daß ein ausreichender Projektvorlauf besteht. Ein solcher gibt vor allem den Planungsorganen die Möglichkeit, die Perspektivplanung in der Geologie konkret zu gestalten.

Ein wichtiger Punkt bei der Sicherung der gestellten Aufgaben ist die Einbeziehung der Hochschulen und der Akademie der Wissenschaften in die Lösung fest umrissener Aufgaben. Diese Institutionen verfügen über Kader mit guten Fachkenntnissen und über eine moderne Ausrüstung, die zur Lösung der Probleme genutzt werden können. Durch sozialistische Arbeitsgemeinschaften und durch Verträge sollen diese Kräfte wesentlich mehr als bisher in die praktische Arbeit einbezogen werden.

Auf welchen Gebieten müssen die wissenschaftlich-technischen Zentren Unterstützung geben?

In dem Bericht des Zentralkomitees der SED an den VI. Parteitag wird gesagt: „Der Aufbau des Sozialismus erfordert die immer engere Verflechtung der Wissenschaft mit der materiellen Produktion, weil der Fortschritt in der Industrie heute untrennbar mit dem Fortschritt der Wissenschaft verbunden ist.“ Die Vorbereitung des VI. Parteitages der SED erfordert somit auch von den wissenschaftlich-technischen Zentren des Industriezweiges Geologie eine Sondierung der Kräfte und Möglichkeiten und ihren konzentrierten Einsatz entsprechend den Notwendigkeiten der Volkswirtschaft. Bei eindeutiger Abgrenzung gegenüber den Aufgaben der Erkundungsbetriebe erfordert das aber gleichzeitig die Übertragung der Lösung konkreter Praxisaufgaben an diese Zentren. Die Antwort auf die Frage nach der Lagerstättenperspektive bestimmter Schichtkomplexe und Räume muß in erster Linie von diesen Zentren kommen, und erst ihre Bestätigung, die Abgrenzung ihres Umfangs usw. werden in den Erkundungsbetrieben erbracht. Jetzt müssen konkrete Festlegungen zur regionalen minerogenetischen Analyse und für Prognosekarten der verschiedenen mineralischen Rohstoffe erarbeitet werden. Solche Karten sind von entscheidender Bedeutung 1. für die Schaffung eines geologischen Vorlaufs gegenüber der Erkundung und für das Einhalten der Erkundungsstadien, 2. für eine richtige Ausrichtung der geologischen Erkundung selbst und 3. für die geologische Perspektivplanung.

Ein wesentlicher Teil der Aufgaben dieser Zentren sollte im Auftragssystem und mit Mitteln der Erkundungsbetriebe gelöst werden. Dabei kann und darf es nicht dazu kommen, daß die in den Forschungszentren vorhandenen Kader schlechthin Laborbestimmungen usw. ausüben, für die im gegenwärtigen Zeitpunkt die Kader in den Betrieben fehlen.

Zusammenfassend kann man sagen, daß in Vorbereitung auf den VI. Parteitag der Sozialistischen Einheitspartei Deutschlands die geologische Forschung und Erkundung, entsprechend den Hinweisen des 17. Plenums des ZK der SED, auf eine qualitativ höhere Stufe gehoben werden müssen. Jetzt sind allseitig die Voraussetzungen zu schaffen, um innerhalb kürzester Frist eindeutige Angaben über die Perspektive der volkswirtschaftlich wichtigsten mineralischen Rohstoffe zu machen und eine schnelle Steigerung der Produktion dieser Rohstoffe zu sichern. Dazu müssen die richtigen materiell-technischen und wissenschaftlichen Voraussetzungen unter Ausnutzung und mit Einbeziehung der besten eigenen Erfahrungen und des internationalen Höchststandes geschaffen werden. Eine richtige Auswahl der Kader sowie ihre schnelle Qualifizierung sind sofort in Angriff zu nehmen. Im Industriezweig Geologie muß der sozialistische Wettbewerb, entsprechend den konkreten Bedingungen und auf der Basis von meßbaren und kontrollfähigen Grundlagen, schwerpunktmäßig zur Erfüllung der genannten Probleme organisiert werden.

Die konsequente Erfüllung dieser Aufgaben erfordert, daß sich die Parteiorganisationen und Wirtschaftsleitungen mit dem bisherigen Zustand ihrer Leitungstätigkeit kritisch auseinandersetzen und konkrete Schlußfolgerungen für die weitere Arbeit ziehen. Dabei sind besonders die den schnellen Fortschritt hemmenden Auffassungen und Methoden der Arbeit kurzfristig zu überwinden. Nur der Leiter versteht die 17. Tagung der SED richtig, der seine Arbeit und die Arbeitsergebnisse am wissenschaftlich-technischen Höchststand mißt und beharrlich mit seiner ganzen Kraft um das Erreichen dieses Zieles kämpft.

Zur Hartsalzerkundung im Kalisalzlager Staßfurt unter besonderer Berücksichtigung des Südharzgebiets[1]

Ernst Stolle, Bleicherode

Einleitung

Der auf Produktionssteigerung bedachten Kaliindustrie erwachsen aus einer verstärkten Hartsalzverarbeitung im Vergleich zu der mit starkem Endlaugenanfall verbundenen Carnallititverarbeitung große Vorteile. Das bedingt die besondere Aktualität der Hartsalzerkundung im Südharzgebiet und in anderen höffigen Bereichen. Die bedeutungsvollen Aufgaben, die in diesem Zusammenhang der Kaligeologie gestellt sind, erforderten die Erarbeitung einer gut begründeten Erkundungskonzeption. In dieser Richtung werden daher seit etwa 10 Jahren in zunehmendem Maße Anstrengungen unternommen, wie aus zahlreichen Publikationen zu ersehen ist. Begrüßenswert ist die Tatsache, daß sich an den Bemühungen um die Lösung der Lagerstättenprobleme auch benachbarte Wissensgebiete der Geologie erfolgreich beteiligt haben. Es ist somit die Voraussetzung zur Vermeidung einer einseitigen Betrachtungsweise gegeben. Allerdings müssen die Ergebnisse der verschiedenen Teildisziplinen der Salzlagerstättenforschung auch wirklich allseitig beachtet und vorurteilslos ausgewertet werden. Erst aus einer solchen umfassenden Synthese werden für Wissenschaft und Praxis voll befriedigende Ergebnisse resultieren.

Von diesem Endziel ist man jedoch immer noch ein Stück entfernt, auch wenn diese oder jene Veröffentlichung in Überbewertung einzelner Fakten ein etwas günstigeres Bild zu vermitteln scheint. In den letzten Jahren sind beispielsweise eine Reihe von Publikationen erschienen, die eine nach wie vor bestehende Diskrepanz zwischen den Auffassungen geologisch bzw. mineralogisch-geochemisch arbeitender Fachkollegen erkennen lassen. Ehe die anscheinend widersprüchlichen Ergebnisse nicht aufeinander abgestimmt sind und Theorie und Naturbefund nicht voll im Einklang stehen, kann die Salzgenese im Flöz Staßfurt durchaus noch nicht als endgültig geklärt betrachtet werden. In Verfolgung dieses Ziels bedarf es vor allem noch komplexer Untersuchungen vieler Grubenaufschlüsse und umfassender Darstellung der Ergebnisse. Insbesondere auf mineralogisch-petrographischem Gebiet gilt es, größere Lücken zu schließen. Aber auch über Teilfragen physikalisch-chemischer Bedingungen der primären Abscheidung und der sekundären Umbildung

[1]) Eingang des Manuskripts in der Redaktion: 15. 10. 1962

ozeaner Salzlagerstätten gibt es noch einige einander widersprechende Auffassungen prominenter Wissenschaftler, die einer endgültigen Klärung bedürfen.

Es zeigt sich in der einschlägigen Literatur immer wieder, daß die Aussagekraft der Feststellungen in dem Maße steigt, wie bei der Bearbeitung der Probleme die theoretischen Grundlagen beherrscht und die Ausbildungsarten bereits erschlossener Lagerstättenteile überschaut und beachtet werden. Dabei genügt es nicht, allein die Verhältnisse des Kalisalzlagers zu untersuchen. Es sind vielmehr die petrofazielle Entwicklung und die Bildungsbedingungen auch der übrigen Zechsteinhorizonte in die Betrachtung einzuschließen, da die genetischen Beziehungen zu jenen teilweise recht eng sind. Leider gibt es nur wenige Autoren, die eine solch umfassende Bearbeitung der Fragenkomplexe anstreben. Die meisten beabsichtigen in erster Linie, diesen oder jenen neuen Gesichtspunkten stärkere Geltung zu verschaffen; dabei gehen sie oft nur auf unmittelbar tangierende andere Teilprobleme ein. In allen Fällen aber kann die Gültigkeit der Aussagen ja nur bestätigt werden, wenn sie nicht im Widerspruch zu den Ergebnissen anderer theoretischer und praktischer Untersuchungen mit gleicher oder größerer Beweiskraft stehen. Für eine kritische Beurteilung der Arbeiten durch Außenstehende mangelt es leider bisher noch sehr an publizierten Flözübersichtskarten mit hinreichend detaillierter Darstellung der Salzverteilung. Einige Karten relativ kleinen Maßstabes vom Südharzrevier und Thüringer Becken (LOTZE 1938, RICHTER-BERNBURG 1955, STOLLE 1959 und 1962, BAAR 1960, SEIDEL 1961) können nicht zur umfassenden Beurteilung aller salzgenetischen Probleme herangezogen werden. Sie vermitteln jedoch wertvolle Anhaltspunkte zur Einschätzung derjenigen Faktoren, die von regionaler Wirksamkeit waren und somit für die Hartsalzerkundung besonders wichtig sind. Diesbezüglich ist die Beantwortung folgender Fragen von entscheidender Bedeutung:

a) Welche Faktoren begünstigen die Bildung von Hartsalz?

b) Wie ist die regionale Wirksamkeit der theoretisch möglichen Bedingungen der Hartsalzentstehung einzuschätzen?

c) Welche Übereinstimmung besteht zwischen jeweiliger Hypothese und Naturbefund?

Die praktische Erkundungstätigkeit kann nicht so lange zurückgestellt werden, bis alle grundlegenden theoretischen und praktischen Vorarbeiten zum Abschluß gelangt sind. Daher müssen ständig die bestehenden Anschauungen über die Genese und über die von jener abhängige Salzverteilung der Lagerstätte kritisch überprüft werden, um daraus für die weitere Arbeit wissenschaftlicher Forschung und praktischer Erkundung die notwendigen Schlußfolgerungen ableiten zu können. Dazu sei im folgenden ein Beitrag geleistet.

Hartsalzgenese, wichtigste Grundlage einer Erkundungskonzeption

Syngenetische bis subprimär-diagenetische Hartsalzentstehung

Bei der Diskussion über die Entstehungsmöglichkeiten des anhydritischen Südharz-Hartsalzes ist zunächst die Feststellung zu treffen, daß sich die Paragenese Steinsalz—Anhydrit—Sylvin durchaus primär bei normalen Temperaturen zu bilden vermag; als Voraussetzung gilt lediglich, daß die $MgCl_2$-Konzentration der Lauge im Abscheidungsbecken für eine Carnallitbildung zu gering bleibt und daß eine Ca-Zufuhr vom Festland her erfolgt. Aus den Meereslösungen kann das Ca nicht stammen, da eine Ausfällung desselben als Karbonat oder Sulfat bereits in den ozeannäheren Bereichen des als Saturationsschelf aufzufassenden Zechsteinmeeres hätte erfolgen müssen. Auch das im Südharzgebiet eine nur sehr untergeordnete Rolle spielende kieseritische Hartsalz mit deutlich schichtiger Wechsellagerung der Mineralkomponenten kann bei annehmbaren Mitteltemperaturen primär entstehen, da es nach LOTZE (1957) nicht als echte Paragenese aufzufassen ist. Ebenfalls von D'ANS & KÜHN (1961) wird für kieseritisches „gebändert geschichtetes" Hartsalz eine syngenetische Bildung bei jahreszeitlich schwankenden, doch über 32° C bleibenden Temperaturen für möglich gehalten, wobei sie allerdings weniger das Staßfurtflöz im Auge haben. LOTZE sieht beide Hartsalztypen als Randfazies an und stellt sie dem kieseritischen Carnallitit, dem Abscheidungsprodukt tieferer Beckenteile, gegenüber. Mannigfache metamorphe Umbildungen im Übergangsbereich der beiden großen Faziesgebiete werden angenommen, jedoch hinsichtlich der physikochemischen Vorgänge nicht näher gekennzeichnet. In Anlehnung an LOTZE werden von RICHTER-BERNBURG (1955) theoretische Grundlagen für die primäre Anlage unterschiedlicher Faziesbereiche erörtert; dabei werden entsprechend der unterschiedlichen spezifischen Gewichte Laugenseparierung und -überschichtung sowie beckenwärtiges Abwandern der schweren $MgCl_2$-Laugen als wesentlichste Faktoren herausgestellt. Die Möglichkeit, daß durch Bewegungen relativ dünner Laugen zu einem frühdiagenetischen Zeitpunkt gewisse Salzumbildungen stattfanden, insbesondere durch $MgCl_2$-Entzug, wird nicht ausgeschlossen. Die somit im wesentlichen primär bis subprimär gedeutete Differenzierung der Salzablagerungen wird allerdings nur auf die Chemofazies bezogen und „läßt die Frage, welche Salzminerale ursprünglich abgeschieden wurden und sich zu diesen heutigen Gesteinen entwickelten, . . . unberührt". LOTZE und RICHTER-BERNBURG untermauern ihre Anschauungen durch kleinmaßstäbliche Übersichtskarten des mitteldeutschen Gebietes, die eine regional-zonare, analog den paläogeographischen Konturen verlaufende Faziesanordnung erkennen lassen. (Der Begriff Fazies wird hier und im folgenden im erweiterten Sinn gebraucht, d. h., er bezieht sich auf die heutigen Ausbildungsarten des Flözes ohne Berücksichtigung der Genese.)

Von STOLLE (1959 und 1962) wird eine verfeinerte Darstellung der großräumigen Faziesverteilung im Flöz Staßfurt sowie der paläogeographischen Entwicklung des Südharzgebiets während der Zechsteinzeit gegeben. Der wesentliche Einfluß der Eichsfeld- und Kyffhäuserschwelle sowie des südlichen Beckenrandes auf die Entstehung der Zechsteinhorizonte gibt sich klar zu erkennen, desgleichen das Überleiten von jungpaläozoischen, erzgebirgisch streichenden zu allmählich dominierenden herzynischen Schwellen- und Muldenzonen mit entsprechender Sedimentation. Zumindest für Teilgebiete der großen Vertaubungen im Vorfeld der alten Grundgebirgsschwellen kann auf Grund sehr starken Tongehalts die primäre Entstehung sicher belegt werden. Besonders anhydritreiche Salzabscheidung im Staßfurtsalinar des Bereichs der Kyffhäuserschwelle wird als weiterer Ausdruck primärer Faziesdifferenzierung unter Einfluß Ca-reicher Festlandswässer angesehen.

LANGBEIN (1961) verweist auf die von ihm erstmals erkannte räumlich weitgehend übereinstimmende Lage der Großvertaubungen und der Bereiche extrem hoher Mächtigkeiten des Grauen Salztones; diese räumliche Beziehung kommt auch in den Darstellungen des Verf. (1962, Abb. 1 u. 5) zum Ausdruck. Nach LANGBEIN kann man annehmen, „daß hier die Zuflußstellen von Festlandswässern vorliegen, die während längerer

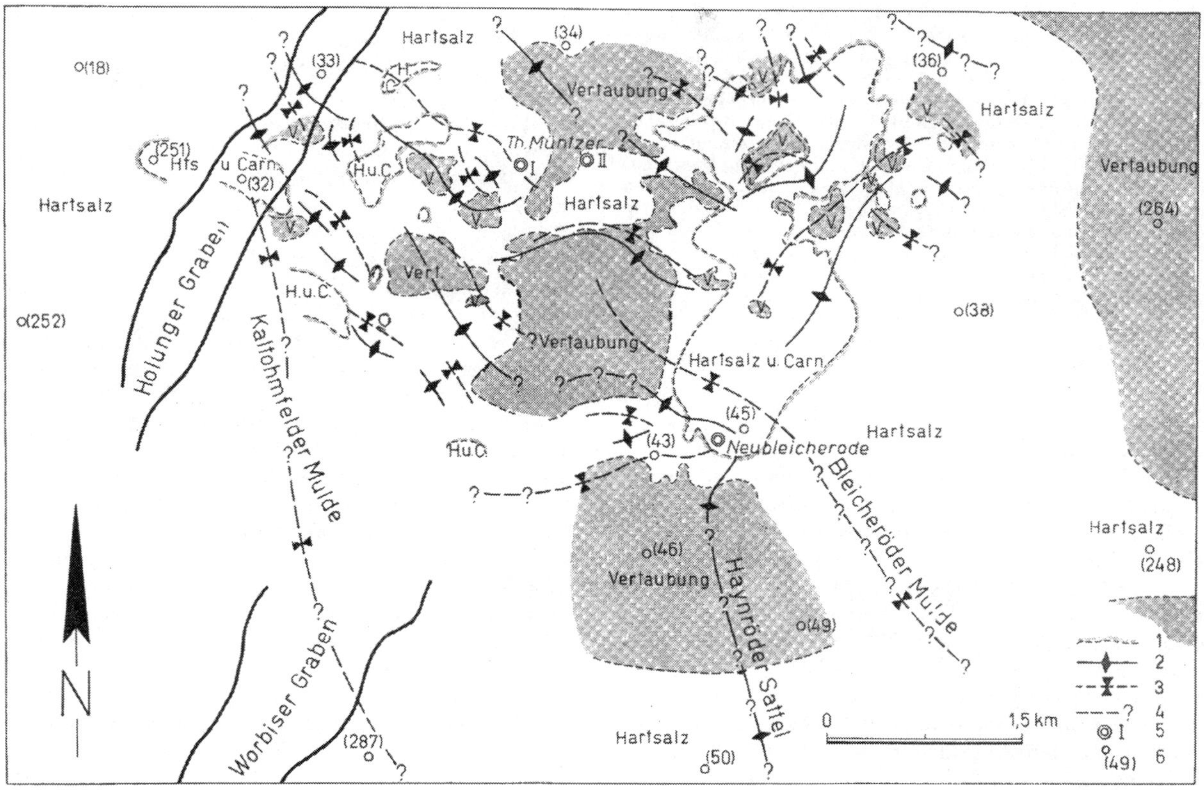

Abb. 1. Fazies und Tektonik des Flözes Staßfurt im Raum Holungen—Großbodungen

1 — Faziesgrenzen, 2 — Sattelachse, 3 — Muldenachse, 4 — Fortsetzung unbekannt, 5 — Schächte, 6 — Bohrungen (Archiv-Nr.)

Zeit konstant geblieben sind — etwa 10. Unstrutbank bis magnesitischer Salzton". Löser der Hangendgruppe — außerhalb der tonigen Fazies — sollen besonders starke Zuflüsse repräsentieren. Unter Hinweis auf die mehrfach beobachtete großräumig-zonare Anordnung der einzelnen Faziestypen: tonige Vertaubung — anhydritisch-halitische Vertaubung — Hartsalz — Mischfazies — Carnallitit wird stark mit einer „Beteiligung synsedimentärer Faziesdifferenzierung durch randliche Zuflüsse" gerechnet, wobei aus letzteren auch der ± hohe Ca-Gehalt der Südharz-Kalisalze abgeleitet wird. In diesem Zusammenhang ist auch auf Erscheinungen primärer Faziesdifferenzierung am südlichen Verbreitungsrand des Staßfurtflözes hinzuweisen. Beispielsweise macht sich im Hartsalzlager der Tiefbohrung Fahner Höhe 3 der unmittelbare Einfluß des nahen Beckensaumes durch horizontweise auftretende hohe Gehalte von kieselsäurereichem Ton mit etwas Karbonat geltend.

In etwas weiterem Umkreis der schwellen- und randnahen tonreichen Lagerfazies ist die Laugenkonzentration mit großer Wahrscheinlichkeit bis zur Unterbindung der Kalisalzabscheidung verdünnt worden; somit kann zumindest für einen Teil der angrenzenden größeren Anhydrit-Halit-Vertaubungen eine primäre Bildung gefolgert werden. In den bergmännisch erschlossenen Randbereichen dieser Großvertaubungen bekunden aber ± große, vertaubungsumschlossene Hartsalzinseln mit teilweise zentralem Carnallititkern (z. B. Westfeld Sollstedt, Abb. 2) die Schwierigkeit, diese Vertaubungen in ihrer Gesamtheit primär erklären zu wollen. Vor analogen genetischen Problemen steht man bei engräumigen Hartsalz-Carnallitit-Wechseln im Bereich großräumiger Faziesverzahnung (Bleicherode u. a.), ferner bei unterschiedlich großen Carnallitvorkommen in rand- und schwellengebundenen Hartsalzgebieten [Volkenroda, Holungen-Brehme (Abb. 1) u. a.] und bei lokalen Hartsalzvorkommen in ausgesprochenen Carnallititarealen (Hain-Wolkramshausen u. a.).

Für eine primäre Anlage solcher Fazieswechsel auf relativ engem Raum gibt es durchaus theoretische Erklärungen. Borchert (1940) z. B. führt sie „auf recht einfache Beziehungen zwischen Strömungen und Temperaturgefällen" zurück; er trennt sich allerdings später (1959) von dieser Auffassung und legt das Schwergewicht seiner genetischen Deutung auf epigenetische Metamorphosevorgänge. Dennoch dürfen Strömungen und Temperaturdifferenzen in dem morphologisch ± stark gegliederten Südharzteilbecken mit einmündenden Süßwasserflüssen nicht als absolut bedeutungslos für eine Differenzierung der Salzablagerungen angesehen werden; auf die ihnen zukommende Bedeutung weisen auch D'Ans & Kühn (1960) hin. Nach Richter-Bernburg (1955) wird „das heutige fazielle Nebeneinander verschiedener Präzipitate . . . im wesentlichen auf eine Separierung der Lauge nach dem spezifischen Gewicht zurückgehen". Entsprechend den im wesentlichen horizontal eingestellten Dichtegrenzen dieser Lösungen seien wohl viele Faziesgrenzen als Schnitte dieser Horizontalen mit dem Beckenboden anzusehen. Aus dem engen Nebeneinander, z. B. im Zechstein 1, von mehrere hundert Meter mächtigem Anhydrit einerseits und Steinsalz andererseits wird „eine über relativ lange Zeiten gleichbleibende Zusammensetzung und vor allem ungestörte Schweregliederung im Beckenwasser" postuliert. Solche Vorgänge haben sich sicher vor allem in den Karbonat-, Kalziumsulfat- und Natriumchloridphasen des Zechsteins 1 und 2 abgespielt, relativ großräumig möglicherweise auch in den Kalisalzabscheidungsphasen. Gegen eine Überbewertung engräumiger Laugenseparierung müssen aber doch gewisse Bedenken erhoben werden. ELERT (1960) verweist auf die verhältnismäßig große Diffusionsgeschwindigkeit in wäßrigen ionaren Lösungen, die noch gesteigert wird durch das hohe Konzentrationsgefälle, das der zur Debatte stehenden unterschiedlichen Mineralführung entspricht. „Allein aus der Diffusion muß sich eine Durchmischung ergeben, die eine derartig scharf begrenzte Lösungsdifferentiation unmöglich macht.“ Demzufolge hält ELERT bei ziemlich engbegrenzter unterschiedlicher Mineralführung eine primäre Faziesdifferenzierung für völlig unwahrscheinlich. Diese Einwendungen werden bekräftigt durch die entsprechenden Aufschlüsse in fast allen Teilen des Südharzgebietes. In den wenigsten dieser problematischen Fälle lassen sich solche Beziehungen zwischen einer Laugenseparierung und dem Meeresbodenrelief vermuten, wie sie von RICHTER-BERNBURG (1955) im Schema aufgezeigt wurden. Das schließt eine Gültigkeit in regionalem Maßstab oder in anderen Gebieten natürlich nicht aus.

Trotz der Problematik relativ engräumiger Fazieswechsel im Kalisalzlager ändert sich aber nichts an der regionalen Verteilung der Hauptfaziesbereiche, wie sie als Erkundungskonzeption für die damals verstärkt anlaufende Tiefbohrtätigkeit dargestellt wurde (STOLLE 1959b u. 1962); die Bestätigung wurde inzwischen durch eine größere Anzahl Tiefbohrungen erbracht, durch welche sich nur relativ geringfügige Veränderungen der ursprünglich dargestellten Salzverteilungsgrenzen ergeben haben. In Anbetracht dessen muß es durchaus als berechtigt gelten, wenn SEIDEL (1961) die Fortsetzung des südlichen Hartsalzsaumes aus dem Raum Volkenroda in das Zentrum des Thüringer Beckens hinein verfolgt. Auf Grund vorhandener älterer Tiefbohraufschlüsse und gründlicher paläogeographischer Erwägungen wird von ihm ein bis in das östliche Unstrutrevier reichender hartsalzhöffiger Gürtel dargestellt, der das Carnallititgebiet im Bereich des jungpaläozoischen Saaletroges südwestlich bis südöstlich umsäumt. Analogiegründe berechtigen weiterhin auch LÖFFLER (1960, 1961a—b und 1962), als Erkundungskonzeption beckenrandliche Verbreitung von Hartsalz in Südbrandenburg anzunehmen. Mit Recht werden hingegen für die Hartsalzvorkommen zentraler Beckenbereiche Genese und heutige Verbreitung als weitgehend ungeklärt betrachtet. Dem Staßfurt-Hartsalz im hannoverschen Gebiet wird eine gewisse Sonderstellung eingeräumt. Falls hier jedoch eine sekundäre Bildung wirklich auszuschließen sein sollte, dann dürfte allerdings der BAARschen genetischen Deutung (1960) der Vorzug zu geben sein im Vergleich zu der von LÖFFLER (1961a) in Betracht gezogenen Möglichkeit. Ersterer hält mit LOTZE (1957) allgemein einen primären Carnallit-Hartsalzübergang „in Richtung zum Einströmbereich des Meerwassers“ für möglich; LÖFFLER zieht eine rezessive Bildung in Betracht, die der Genese des hangenden Hartsalzbestegs anderer Gebiete im Sinne RICHTER-BERNBURGs entsprechen würde. Aus Analogiegründen zu dem an Aufschlüssen wesentlich reicheren Südharzgebiet wird von SEIDEL (1961) für den „Hartsalzgürtel“ des Thüringer Beckens mit einer ebenfalls sehr starken Zerlappung gerechnet. Solche Verhältnisse werden den lt. LÖFFLER (1961b) angestrebten Vorratsaufschluß für die eventuelle Errichtung eines neuen Werks zweifellos sehr erschweren, selbst wenn die Bohrabstände ziemlich gering bemessen würden. Es wäre daher von außerordentlichem Nutzen, wenn aus der unterstellten Genese der Kalilagerstätte detailliertere Hinweise auf die Faziesverteilung abgeleitet werden könnten. SEIDEL und LÖFFLER nehmen für den Hartsalzsaum primäre bis frühdiagenetische Bildung an. „Sekundär-epigenetisch-prätektonische Überprägungen, die z. B. in steilen Fazieswechseln ihren Ausdruck finden und durch Fremdlaugen hervorgerufen wurden, besitzen nur lokale Bedeutung“ (LÖFFLER 1961a). SEIDEL zieht für das ebenfalls zum primären Hartsalzsaum gerechnete kieseritische Lager des Unstrutgebietes gegenüber dem anhydritischen und kieseritarmen des Südharzgebiets „eine etwas anders geartete Bildung“ in Betracht. Physikochemische Detailfragen werden von beiden Autoren im Zusammenhang mit der von ihnen vertretenen Salzbildung nicht diskutiert. Desgleichen verzichten sie auf eine Erörterung der genetischen Probleme engräumiger Fazieswechsel, wie solche in den bisher erschlossenen Hartsalzverbreitungsgebieten des Staßfurtflözes stark verbreitet und durchaus nicht alle als lokale sekundäre Überprägung präexistenter großräumiger Salzverteilung erklärbar sind. Durch eine Diskussion solcher Fragen wird die Erkundungskonzeption sicher noch ergänzt werden müssen, vor allem dann, wenn sich auf unterschiedliche Aufschlüsse benachbarter Tiefbohrungen eine Beurteilung des gesamten umliegenden Gebiets gründen muß. Es kann daher trotz durchaus positiver Beurteilung der dargelegten Einschätzung der regionalen Hartsalzhöffigkeit nicht zugestimmt werden, wenn LÖFFLER (1961b) die vertretenen Anschauungen über Genese und Faziesverteilung des Staßfurtflözes in Thüringen für bereits hinreichend gesichert hält und sie der angeblich bisher „mehr oder weniger aufs Geratewohl“ betriebenen Hartsalzerkundung gegenüberstellt. Im Südharzgebiet mit den relativ engräumigen Aufschlüssen und den recht stark differenzierten paläogeographischen Verhältnissen konnte das bevorzugte schwellen- und randgebundene Hartsalzauftreten in besonderem Maße belegt und der neueren Tiefbohrerkundung als Erkundungskonzeption zugrunde gelegt werden (STOLLE 1959b). Gerade hier wurde auch offenkundig, wie sehr man sich in Anbetracht der starken Wechselhaftigkeit der Flözausbildung vor einer schematisierenden Betrachtungsweise der Genese hüten muß.

Bei der genetischen Ausdeutung der großräumigen Faziesverteilung wurde einer syngenetischen Faziesdifferenzierung vom Verf. anfänglich (1959b) noch die Hauptbedeutung beigemessen. Was damit nicht im Einklang stand und eindeutig auf sekundäre Umbildung hinwies, wurde teils mit Diagenese, teils mit Einwirkung verdünnter Laugen während der rezessiven Abscheidungsphase und teils mit räumlich begrenzter Hydrometamorphose durch aszendente Laugen erklärt. Die Ergebnisse kombinierter geologisch-mineralogisch-geochemischer Untersuchungen, die von BAAR (1944 bis 1945 und 1952) in Bischofferode und Bleicherode sowie von zahlreichen Diplomanden (ab 1954) in sämtlichen Südharzgruben durchgeführt wurden, weisen indessen auf eine weitaus überragende Bedeutung aszendenter, NaCl- und $CaSO_4$-reicher Laugen für die Kalisalzgenese hin und belegen für die Salzgesteine im Bereich fast aller untersuchten Faziesübergänge eine genetische Folge Carnallitit—Hartsalz—Vertaubung.

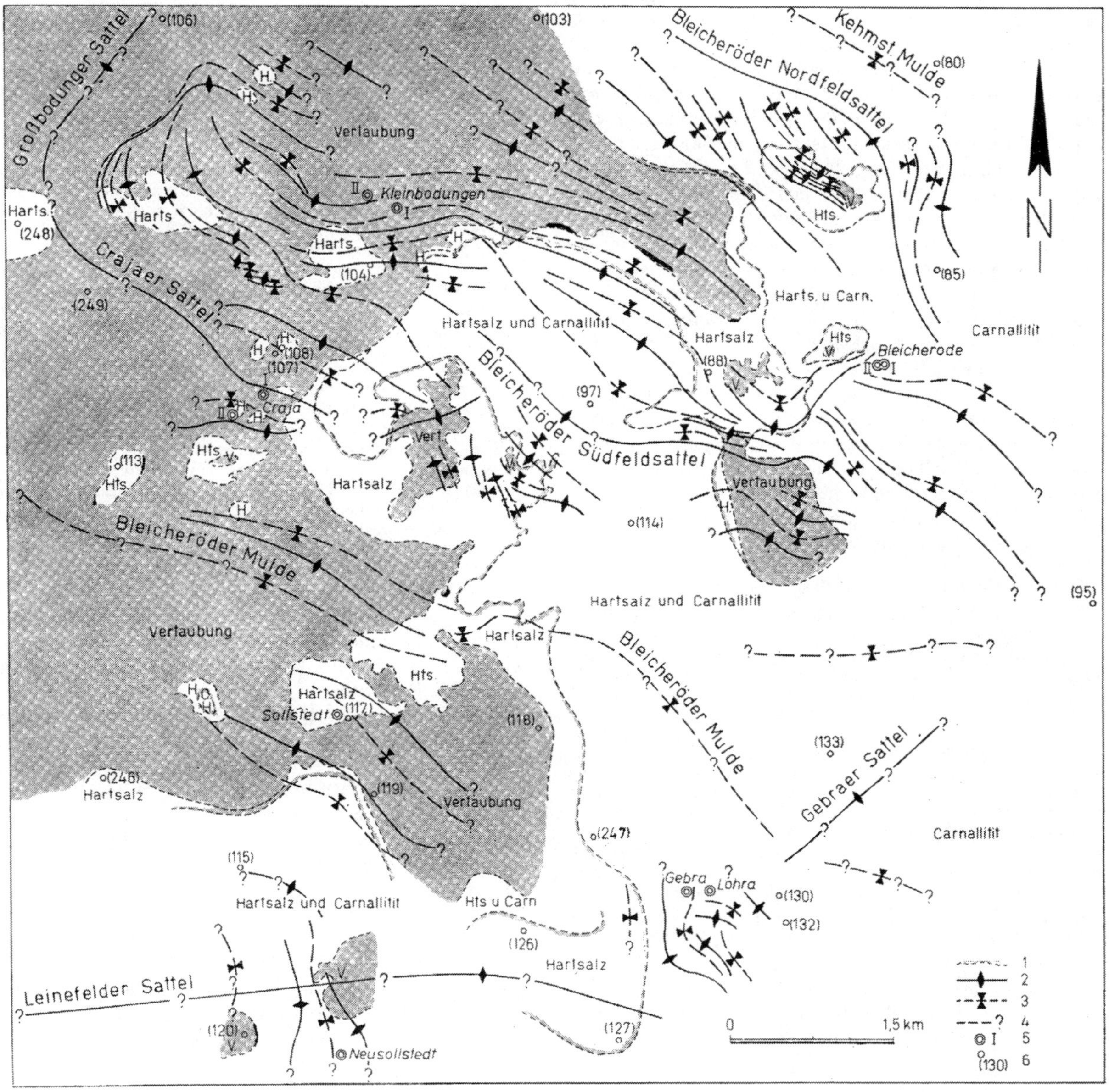

Abb. 2. Fazies und Tektonik des Flözes Staßfurt im Raum Bleicherode—Sollstedt

1 — Faziesgrenzen, 2 — Sattelachse, 3 — Muldenachse, 4 — Fortsetzung unbekannt, 5 — Schächte, 6 — Bohrungen (Archiv-Nr.)

In ausgedehnten Hartsalz- und Vertaubungsarealen bereitet der Nachweis der Genese etwas größere Schwierigkeiten. Hier lassen sich Verdrängungen fast nur von Sylvin und Steinsalz durch Anhydrit feststellen. Der Gesamthabitus des hiesigen Hartsalzes entspricht im wesentlichen dem der Bereiche relativ engräumiger Fazieswechsel. Demzufolge wäre schon aus Analogiegründen nicht mit einer grundsätzlich verschiedenen Genese zu rechnen. Von ausschlaggebender Bedeutung für die Beurteilung dieses Problems sind jedoch Schlüsse, die sich aus der Rotfärbung der Salzgesteine ziehen lassen. Nach RICHTER (1961) unterstützen die Resorptionserscheinungen an Hämatitblättchen und die nachweisbaren Laugenbahnen innerhalb der Sylvinkörner oder an den Korngrenzen derselben die Annahme, „daß die Färbung des Sylvins und seine Entstehung mit der Metamorphose des Carnallits verbunden ist". Durch mikroskopische und geochemische Untersuchungen wird ferner der Nachweis erbracht, daß auch die Orangefärbung des Steinsalzes im Hartsalzlager im Gegensatz zu der grauen Farbtönung im Carnallititlager durch die Metamorphose bedingt ist. Die Laugen mit der zum Teil aufgelösten und umgewandelten Farbsubstanz (Hämatit) „durchtränken das gesamte Steinsalz, fließen auf den vorhandenen Haarrissen entlang und setzen die Farbteilchen in ihnen ab". Allein bei sehr geringer Mg^{++}- bzw. überwiegender Ca^{++}-Komponente in den Mutterlösungen wird das Eisen auch primär in Steinsalz ausgeschieden, da dann eine Aufnahme in Carnallit nicht erfolgt. So erklärt sich teilweise die Orange- oder Gelbfärbung primär kalisalzfreier Partien im unteren Teil der Liegendgruppe und in den oberen Zonen des Staßfurt-Steinsalzes.

Die Frage, ob die Hartsalzfazies möglicherweise zu einem wesentlichen Teil diagenetisch entstanden sei, muß nach dem bisherigen Stand der Erkenntnisse verneint werden. Wo eine Entstehung aus Carnallitit ausscheiden sollte, wie möglicherweise in sehr randnahen Bereichen, steht einer absolut primären Deutung nichts im Wege; wo eine Sekundärbildung aus Carnallitit zwingend anzunehmen ist, wie in den meisten bisher untersuchten Hartsalz- und Mischfaziesbereichen, deuten die meisten Fakten auf einen Zeitpunkt dieser Metasomatose nach Abdichtung des Kalilagers durch den Grauen Salzton hin. Damit ist auch die Bedeutung verdünnter Meereslösungen in der Rezessivphase der Staßfurt-Serie entsprechend eingeengt. Auf Grund all dieser Erkenntnisse mußte geprüft werden, in welcher Weise sich der Einfluß der paläogeographischen Konstellation des Südharzteilbeckens auf die heutige großräumige Faziesverteilung geltend machen konnte unter weitgehendem Ausschluß der problematischen primären Hartsalz-Carnallitit-Differenzierung.

Epigenetisch-hydrometamorphe Hartsalzentstehung

Es wird in der neueren Fachliteratur in allen Fällen angenommener oder nachgewiesener sekundärer Hartsalzbildung nicht mehr bestritten, daß allgemein mit einem carnallitischen Primärgestein zu rechnen ist. Der in früheren Jahrzehnten zum Teil ebenfalls in Betracht gezogene Kainit ist längst aus der Diskussion ausgeschieden, da gewichtige theoretische Gründe und jegliches Fehlen von Relikten gegen ihn als Ausgangsgestein des Hartsalzes sprechen. Keine einheitliche Auffassung herrscht über den Chemismus des carnallitischen Ausgangsgesteins. Nach LOTZE (1957) sollen sich autigene oder allotigene Lösungen, „zunächst weder an KCl noch an $MgCl_2$ gesättigt, im chemisch ziemlich einheitlichen (im höheren Teil stärker carnallitischen) Hartsalzlager diffus verteilt haben". Bei der einsetzenden orogenen Pressung seien sie im inhomogenen Druckfeld entsprechend dem hydrostatischen Gefälle in Richtung auf die Bereiche des Unterdruckes geflossen, dabei in den Abströmgebieten durch $MgCl_2$- und KCl-Entführung Vertaubungszonen hinterlassend, auf ihrem weiteren Wege dann infolge ausschließlicher $MgCl_2$-Entführung Sylvinitanreicherungszonen erzeugend. „Zum Schluß aber zu konzentrierten $MgCl_2$-Laugen geworden, sammeln sie sich in den Bereichen des Unterdruckes an und veranlassen hier die Umwandlung alles vorhandenen Hartsalzes in Carnallitgestein." Gegen diese Anschauung läßt sich geltend machen, daß der im Südharzgebiet vorwiegend in Trümmerstruktur vorliegende Carnallitit an verschiedenen Stellen und in unterschiedlichen stratigraphischen Niveaus noch in geschichteter Ausbildung vorliegt, ohne daß das Gestein den Schluß auf eine Genese im dargelegten Sinne gestatten würde. Eine solche Entstehung käme einer „Carnallitisierung" von Hartsalz nahe, gegen welche BAAR (1960) wegen der physikalisch-chemischen Schwierigkeiten gewichtige Bedenken erhoben hat und die er nur als „im Einzelfall örtlich beschränkt möglich" bewertet.

BAAR (1960 und frühere Arbeiten) unterstellt für das Staßfurtflöz eine Ablagerung „wohl recht gleichmäßig als Kieserit—Halit—Carnallit". Eine gleiche Auffassung vertreten u. a. BORCHERT (1957), STORCK (1954), HERRMANN (1958) und HENTSCHEL (1959). Nach BRAITSCH (1960) bereitet es bei der theoretischen Berechnung des Metamorphosevorganges Schwierigkeiten, eine vollständige Kieserit-Anhydrit-Umbildung zu belegen. Er zeigt am Beispiel des Carnallitits der Bohrung Holzerode, daß mit den von anderen Autoren für die Metamorphoselaugen unterstellten $CaCl_2$-Gehalten nur ein geringer Teil des angenommenen Kieserits in Anhydrit umgewandelt werden kann. Nach BRAITSCH läßt sich das anhydritische Hartsalz von Reyershausen zwangloser ableiten von einem kieseritarmen bis -freien, anhydritführenden Carnallitit, wie er in der Grube Königshall-Hindenburg ansteht (BRAITSCH 1950, Zahlentafel 4). Es erfolgt der Hinweis auf eine ähnliche Carnallititzusammensetzung in den Bohrungen Felsenfest 3 und 18 am südlichen Leinefelder Sattel. Auch im übrigen Südharzgebiet ist kieseritarmer, anhydritischer Carnallitit als Ausgangsgestein der meisten metamorph entstandenen Vertaubungs- und Hartsalzvorkommen in Betracht zu ziehen. Ältere, bereits publizierte Analysen (u. a. BAAR 1952) können ergänzt werden durch den bemerkenswerten Aufschluß eines geschichteten, stark anhydritischen Carnallititvorkommens im Grenzbereich, aber noch innerhalb der großen Bleicheröder Nordwestfeld-Vertaubung (s. Tab. S. 12). Regionale Untersuchungen der Carnallitgesteine unter Beachtung der teilweise stattgefundenen sekundären Veränderungen und unter statistischer Auswertung von Vollanalysen der Tiefbohrungen und Grubenaufschlüsse stehen noch aus. Daher läßt sich gegenwärtig die Frage nach dem jeweils anzunehmenden Primärcarnallitit der Lagerstätte noch nicht abschließend beantworten. Mit einer syngenetischen Differenzierung der Carnallititausbildung in dem ungleichmäßig gestalteten Südharz-Teilbecken dürfte auf jeden Fall zu rechnen sein, wobei anscheinend in den schwellen- und randnahen Bereichen eine wesentliche Abnahme des Kieserit-, teilweise auch des Carnallitgehaltes gegenüber den etwas tieferen Muldenbereichen zu verzeichnen ist. Die Intensität der Anhydritabscheidung hingegen dürfte in erster Linie von der Menge und Verbreitung des von Festlandswässern zugeführten Ca abhängig sein.

Ein besonders umstrittenes und leider bisher noch sehr unbefriedigend gelöstes Problem ist die Herkunft der die Hydrometamorphose des Kalisalzlagers bewirkenden Lösungen. Von D'ANS & KÜHN (1960) ist entgegen BORCHERT (1959) überzeugend dargelegt, daß Hexahydrat als primäres Abscheidungsprodukt in den deutschen Kalisalzlagerstätten keine wesentliche Rolle gespielt haben kann und in erster Linie mit syngenetischer Kieseritbildung zu rechnen ist. Da auch eine primäre Abscheidung von Kainit mit Bestimmtheit ausscheidet, können autigene Lösungen als Ursache für regional stattgefundene Salzumbildungen im Kalisalzflöz Staßfurt nicht in Betracht gezogen werden. Durch das Fehlen einer Kieseritregion im Südharzgebiet lassen sich auch aus dem unmittelbar Liegenden des Flözes keine entsprechenden Lösungen ableiten, ganz abgesehen davon, daß die aus einer Kieseritregion im günstigsten Fall errechenbaren Mengen die Metamorphose des Kalisalzlagers in keiner Weise quantitativ erklären können.

Auf Grund einer großen Fülle von Beobachtungen sind hauptsächlich aszendente $CaSO_4$-reiche Laugen als Ursache der Salzumbildungsvorgänge anzusehen. Es lag nahe, für jene die Herkunft aus liegenden Anhydrithorizonten zu folgern. Die Ergebnisse älterer physikalisch-chemischer Untersuchungen über Gips- und Anhydritbildung, insbesondere von VAN'T HOFF und Mitarbeitern, berechtigten zur Annahme einer allgemeinen Primärausscheidung von Gips und einer geothermischen Umbildung desselben zu den heutigen Anhydritgesteinen unter Abspaltung entsprechender Mengen $CaSO_4$-gesättigter Lösungen. Gelegentlich in den Anhydrithorizonten auftretende Pseudomorphosen nach Gips (BORCHERT & BAIER 1953) und stellenweise zu beobachtende, eindeutige Hinweise auf sekundäre Salzumbildungen im tiefen Staßfurt-Steinsalz (u. a. BAAR 1960) stützten diese Hypothese. Überraschenderweise orientierte man sich schwerpunktmäßig oder ausschließlich auf den Basalanhydrit und zog den meist bedeutend mächtigeren und nur 20—50 m tiefer liegenden Werraanhydrit weit weniger in Betracht. BAAR (1944—1945 und 1952) führte für die Lagerstätte „Thomas Müntzer" (Bischofferode) und Bleicherode quantitative Berechnungen der Kalisalzmetamorphose durch unter Berücksichtigung der Art und Ausdehnung der Lagerumbildungszonen sowie der jeweils angenommenen Basalanhydritmächtigkeiten. Dabei ergab sich eine scheinbar überraschend gute Übereinstimmung zwischen Theorie und Naturbefund. In der Zwischenzeit wurde diesen Berechnungen jedoch teilweise die Grundlage entzogen. Bei Laugenuntersuchungsbohrungen im NW-Feld von „Thomas Müntzer" wurde für den Basalanhydrit eine Mächtigkeit von nur ca. 1,5 m belegt, während die von BAAR wegen des thermophilen Charakters des $CaSO_4$ unterstellte vielfache Mächtigkeit keine Bestätigung fand. Der Werraanhydrit wurde 6,5 m mächtig angetroffen und könnte auch nur einen Teil der errechneten Laugenmengen geliefert haben.

Inzwischen wurde aber auch die Gültigkeit der zugrunde gelegten physikochemischen Bedingungen der Gips-Anhydrit-Umbildung angezweifelt. D'ANS & KÜHN (1960) konnten auf Grund neuerer experimenteller und theoretischer Untersuchung dieser Frage überzeugend darlegen, daß die neu ermittelten, bedeutend tieferen Umbildungstemperaturen eine im wesentlichen primäre bis frühdiagenetische Anhydritbildung erwarten lassen. Zur gleichen Anschauung gelangten u. a. v. HOYNINGEN-HUENE (1957), JUNG (1958) und SCHULZE & SEYFERT (1959).

Für den Werraanhydrit scheint diagenetische Anhydritbildung auf Grund der texturellen Untersuchungen durch JUNG zumindest für die tieferen Beckenteile weitgehend gesichert. Andernfalls würde der 200 bis 300 m mächtige Schichtenkomplex im Bereich der Nordhausen—Sondershäuser Anhydritzunge bei einer erst geothermischen Bildung aus Gips Wässer in solchen Mengen freigegeben haben, daß weitgehende Auswirkungen derselben im Zechstein 2—4 unverkennbar sein müßten. Dies ist jedoch nicht der Fall, vielmehr liegt in diesem Bereich das Kalisalzflöz fast ausschließlich in carnallitischer Ausbildung vor. Für die Gültigkeit der komplizierten Hilfsannahme von BORCHERT (1959), daß in solchen Fällen mit seitlichem Abwandern der Lösungen unter Umständen über viele Kilometer zu rechnen sei, haben sich bisher keine entsprechenden, direkten Anhaltspunkte finden lassen. Es ist nicht ausgeschlossen, daß im Bereich der Eichsfeldschwelle, vielleicht auch im Raum Bleicherode—Sollstedt, infolge zu geringer NaCl-Konzentration die diagenetische Umbildung Gips—Anhydrit ganz oder teilweise unterblieb und daß eine Dehydratation erst während oder nach der Abscheidung des Staßfurtflözes stattfand. Für das Hartsalzgebiet Volkenroda und weitere Umgebung scheidet jedoch diese Möglichkeit in Anbetracht des bereits in großer Mächtigkeit vorhandenen Werra-Steinsalzes gänzlich aus.

Beim Basalanhydrit sprechen theoretische Erwägungen und die beobachteten Texturen ebenfalls für eine hauptsächlich primäre bis diagenetische Anhydritbildung. Doch bekunden die von BAAR (1952) mitgeteilten und inzwischen durch weitere Aufschlüsse bestätigten Beobachtungen im tiefen Staßfurt-Steinsalz von Bleicherode, daß gewisse Mengen $CaSO_4$-gesättigter Lösungen frühestens in der Salinarphase des Staßfurt-Zyklus, wahrscheinlich sogar erst später, aufgestiegen sind. Vielleicht waren ähnliche Verhältnisse der Dehydratation maßgeblich, wie sie oben für den Werraanhydrit im Bereich der Eichsfeldschwelle als möglich angedeutet wurden. Die bisherigen Aufschlüsse und der Stand ihrer Bearbeitung lassen eine abschließende Einschätzung der Basalanhydritgenese noch nicht zu. Fest steht, daß eine Erklärung der Kalisalzmetamorphose ausschließlich durch Basalanhydritwässer sehr schwierig ist. Dagegen sprechen einerseits die bereits erwähnten Umwandlungen im Kalisalzflöz auf der Eichsfeldschwelle, wo der Basalanhydrit sehr geringmächtig ist; andererseits läßt das Gebiet maximaler Basalanhydritmächtigkeiten, Raum Wolkramshausen, die zu erwartenden Umbildungen in dem großräumig carnallitisch entwickelten Lager vermissen. Es ist in diesem Zusammenhang auch auf die Hartsalzgebiete im Unstrut- und Nordharzrevier zu verweisen, wo der nur wenige Meter mächtige Basalanhydrit ebenfalls nicht, oder zumindest nicht allein, die zur Hartsalzbildung notwendigen Lösungen zur Verfügung gestellt haben dürfte.

Im gesamten Südharzgebiet westlich der im Kyffhäuserbereich verlaufenden Stinkschiefergrenze kommt in $\pm$ starkem Maße auch der Hauptdolomit als Lieferant entsprechender Laugen mit in Frage. Von BAAR (u. a. 1952a) und STOLLE (1953/54) wurde auf Grund der im Kalisalzflöz verbreitet auftretenden salzgebundenen Gase und des unter Einwirkung radioaktiver Substanzen entstandenen blauen Steinsalzes auf eine Beteiligung von aszendenten Erdölbegleitwässern an den Salzumbildungen geschlossen. Nach HERRMANN (1961) steht es sogar fest, „daß spurenelementhaltige Erdölwässer maßgeblich an der Umbildung des Staßfurt-Kalilagers im Südharz beteiligt waren". Von BAAR und HERRMANN wird der in den Gruben Bernterode und Sollstedt sowie in den Erdölbohrungen des westlichen Thüringer Beckens festgestellte $CaCl_2$-Gehalt der Erdölbegleitwässer auch den bei der Salzmetamorphose wirksam gewesenen Hauptdolomitlösungen unterstellt und mit seiner Hilfe die Kieserit-Anhydrit-Umbildung im Kalisalzflöz erklärt. BRAITSCH (1960) bestreitet die Allgemeingültigkeit dieser Hypothese, da in Grube Königshall-Hindenburg die Einbruchslaugen aus dem Liegenden immer $MgSO_4$-haltig waren; das wird auch für die Metamorphoselaugen „auf Grund des jüngsten Kieserits an einer Anhydritknolle" für wahrscheinlich gehalten. Indem BRAITSCH den Anhydritgehalt des Kalilagers im wesentlichen durch primäre Bildung infolge festländischer Ca-Zufuhr erklärt, schließt er die Herkunft von Metamorphoselaugen aus dem Hauptdolomit nicht aus; vielmehr sei es hinsichtlich der Metamorphoselaugen „nicht nötig, hierfür ausschließlich Gips-Anhydrit-Metamorphosewässer heranzuziehen, da der klüftige Basalanhydrit ohnehin große Mengen an Laugen speichert".

Gegen die von HERRMANN (1958) gegebene Deutung der Spurenelementverteilung im Kalisalzlager durch aszendente Hauptdolomitwässer werden von LANGBEIN (1961) Bedenken erhoben: „Eine Zufuhr von Spurenelementen sollte sich ja bevorzugt an den adsorptionsfähigen, tonigen Bestandteilen der Lagerstätte bemerkbar machen, konnte aber nicht nachgewiesen werden." LANGBEIN glaubt, daß sich die von HERRMANN nachgewiesenen „Differenzierungen im Spurenelementgehalt zwischen Unstrutbänken und Zwischenmitteln, zwischen den einzelnen Faziesarten und zwischen Südharz- und Nordharzrevier ... zweifellos auf primäre Konzentrationsschwankungen zurückführen" lassen. „Die durch tonige Substanzen eingeschwemmten Spurenelementgehalte ermöglichen die für die Salzgesteine beobachteten relativ niedrigen Schwankungen durchaus." Ob das ganz zutreffend ist, bedarf sicher noch einer Erörterung, da HERRMANN vermutlich die Salzgesteine unter Ausschluß der tonigen Substanzen untersucht hat.

Ergänzend zu den Einwendungen gegen eine Überbewertung der $CaCl_2$-Gehalte der Erdölbegleitwässer sei noch eine Analyse der Hauptdolomitlauge von „Thomas Müntzer" mitgeteilt, die einen $CaCl_2$-Gehalt vollkommen vermissen läßt, sie enthält pro Liter 8 g KCl, 2 g $MgCl_2$, 4 g $MgSO_4$, 3 g $CaSO_4$, 310 g NaCl und Spuren H_2S. Man könnte auf Grund dieser Laugenzusammensetzung geneigt sein, mit BAAR (1952a) für das im Vergleich zu Bleicherode kieseritreichere Hartsalz von „Thomas Müntzer" die Einwirkung entsprechend $CaCl_2$-ärmerer Metamorphosenlaugen anzunehmen. In allen Fällen empfiehlt es sich jedoch, den vor langen geologischen Zeiten wirksam gewesenen Lösungen aus dem Hauptdolomit nur mit Vorbehalt den Chemismus der heute in diesem Horizont gespeicherten Laugen zu unterstellen!

Die Frage nach der Möglichkeit einer regionalen Wirksamkeit von Hauptdolomitwässern bei den Metamorphosevorgängen im Flöz Staßfurt wird z. T. durch die Mächtigkeitsverteilung des Hauptdolomits beantwortet. Die Bereiche relativ großer Mächtigkeiten zeigen weitgehend räumliche Übereinstimmung mit den Gebieten bevorzugter Hartsalzentwicklung (STOLLE 1962, Abb. 1 u. 3). Dabei fallen besonders die isoliert auftretenden größeren Dolomitmächtigkeiten im Bereich der hartsalzgesäumten Kyffhäuserschwelle auf. Auch LÖFFLER (1961a) weist darauf hin, „daß die Verbreitung der Hauptdolomitfazies ein Kriterium für das Vorkommen von Hartsalz sein kann", und schließt in Analogie zu den geologischen Verhältnissen im Thüringer Becken auf Hartsalzhöffigkeit in Südbrandenburg. Als Ausnahme von der genannten Regel sind die ausgedehnten Carnallititvorkommen südlich und östlich des Leinefelder Sattels sowie nordöstlich Volkenroda zu nennen, wo für den Hauptdolomit ja auch eine Mächtigkeit von über 30 m anzunehmen ist. Ferner sind zwischen Bleicherode und Wolkramshausen, im Bereich des zentralen Carnallititgebietes des Südharzreviers, die Mächtigkeiten des Dolomits zwar relativ gering, liegen aber immerhin zwischen ca. 15 und 30 m. Sicher sind für die Speicherung und Abgabe von Erdölbegleitwässern die regional etwas wechselnde petrofazielle Ausbildung des Hauptdolomits und die Intensität der relativ frühen Zerklüftung maßgeblich; in den schwellen- und randnahen Bereichen mit stärkerem Anteil heller, z. T. schaumig-oolithischer Dolomitgesteine sind möglicherweise die diesbezüglichen Vorbedingungen besonders günstig gewesen. Das bisher zu weitmaschige Aufschlußnetz läßt noch kein abschließendes Urteil über dieses Problem zu. Außerdem bedarf auch die Frage noch einer Klärung, in welchen Mengen selbst bei günstigem Poren- und Kluftvolumen Lösungen aus dem Hauptdolomit abwandern konnten; es scheint zumindest zweifelhaft, ob sie wirklich ausreichten, in regionalem Umfang die Metamorphose des Kalisalzlagers zu bewirken. Diese Frage ist wiederum eng verknüpft mit der Entstehung der Erdölbegleitwässer; gerade darüber werden aber in der einschlägigen Literatur nur sehr spärliche und unvollständige Angaben gemacht.

Schließlich sind noch heiße, zum Teil $CaCl_2$-haltige „Tiefenwässer" im Sinne von D'ANS & KÜHN (1960) in Betracht zu ziehen; solche „sind aus dem Rotliegenden bekannt und auch anderwärts angetroffen worden". Insbesondere wegen der starken Zweifel an einer geothermischen Bildung der mächtigen Anhydrithorizonte aus Gips gelangen die beiden Autoren zu der Überzeugung, „daß nicht Gipswässer, sondern andere, nur in beschränkter Menge eingedrungene warme Tiefenwässer für die Umbildungen und Vertaubungen ausschlaggebend sind". Die großen Vorteile, welche diese Erklärung bietet, sind nicht zu verkennen. Insbesondere ließen sich die für manche Mineralien und Mineralparagenesen erforderlichen, relativ hohen Temperaturen unabhängig von der geothermischen Tiefe zwanglos erklären. Zweifellos wäre auch das Problem der für die regionalen Metamorphosevorgänge erforderlichen Laugenmengen etwas einfacher zu lösen als bei den anderen diskutierten Möglichkeiten. Weiterhin würde sich die Bildung einiger seltenerer Mineralien, wie Borazit und Danburit, durch juvenile Tiefenwässer vielleicht einfacher deuten lassen als durch Lösungen aus den Zechsteinschichten selbst. Es ist jedoch zu bedenken, daß eine regional wirksame Hydrometamorphose des Kalisalzflözes schwerlich allgemein auf Wässer aus dem tiefen Untergrund zurückgeführt werden kann. Großräumig entwickelte Hartsalzgebiete liegen über stratigraphisch und petrographisch sehr unterschiedlichem vorzechsteinzeitlichem Untergrund (Rotliegendem, Karbon und älteren Schichten), ohne daß sich irgendeine Abhängigkeit von demselben erkennen läßt. Außerdem wäre der für ausgedehnte Hartsalzbereiche anzunehmende diffusionsartige, sich in breiter Front vollziehende Laugenaufstieg schwerlich mit dem Aufdringen von Tiefenwässern in Einklang zu bringen. Bisher sind keinerlei Fakten bekannt geworden, zu deren Deutung Tiefenwässer zwingend in Betracht gezogen werden müßten. Somit ist ihr Einfluß auf die heutige regionale Salzverteilung theoretisch zwar durchaus möglich, aber doch nicht sehr wahrscheinlich.

Die unterschiedliche Bewegungsintensität und -richtung der aus dem Liegenden aufsteigenden und im Kalisalzlager zu metasomatischen Umbildungen führenden Lösungen sind bedingt durch ein inhomogenes Druckfeld, welches sich jeweils bei epirogenen und tektonischen Bewegungen im Salinargebirge herausbildet. Als erster unternahm BAAR (Schriften) den Versuch, die von ihm festgestellten metamorphen Lagerumbildungen mit der Tektonik in Zusammenhang zu bringen. Er richtete sein Hauptaugenmerk auf die herzyn gerichteten Sattelzonen, die das tektonische Gesamtbild der Südharzlagerstätte absolut beherrschen und anders gerichtete Strukturelemente nur selten hervortreten lassen. Er vermutete, daß der Basalanhydrit in der Regel konform zum Kalisalzlager aufgewölbt sei, und sah in solchen Bereichen die Zonen begünstigter Laugenzirkulation und intensivster Lagerumbildung. Eine sattelgebundene und in ihrem damals erschlossenen Teil herzyn verlaufende Großvertaubung im NW-Feld von Bleicherode schien die vertretene Auffassung zu stützen. Es wurden auch andere teilweise herzyn gerichtete und sattelgebundene Umwandlungszonen mit zentraler Vertaubung von „Thomas Müntzer" und Bleicherode zur Bestätigung genannt. Ein Blick auf die tektonischen und faziellen Übersichtskarten der Südharzgruben (u. a. Abb. 1 und 2) läßt aber folgendes erkennen:

a) Jeweils nur Teilabschnitte bzw. Ausläufer der großen Vertaubungen folgen über relativ kurze Bereiche der herzynen Richtung.

b) Die Vertaubungen sind nur zu einem geringen Teil an herzyn gerichtete Sattelstrukturen gebunden.

c) Die Mehrzahl der Sattelachsen im Untersuchungsgebiet wird nicht von Vertaubungen begleitet und setzt über verschiedene Faziesbereiche hinweg, ohne einen Einfluß auf jene auszuüben.

d) Im Zechsteingebirge gibt es infolge disharmonischer Tektonik nur eine beschränkte Anzahl konformer Aufwölbungen der Basishorizonte und des Kalisalzflözes der Staßfurt-Serie, die den BAARschen Vorstellungen entsprechen und als Hauptaufstiegszentren der Laugen in Frage kommen.

e) Die Faziesverteilung und die Lagerungsformen des Kalisalzlagers zeigen im allgemeinen keine räumlichen Beziehungen.

Daraus ergibt sich die wichtige Schlußfolgerung, daß die durch antiherzyne Pressung gekennzeichnete Haupttektogenese des Südharzgebiets eine in ihren wesentlichen Zügen bereits geprägte großräumige Salzverteilung im Flöz Staßfurt antraf.

Die Erkundungskonzeption Baars mußte sich somit zwangsläufig als nicht brauchbar erweisen; daraus resultierte die Aufgabe, nach dem Einfluß älterer tektonischer Beanspruchung zu forschen. Ein solcher konnte schließlich in ± flachwelligen, SW–NE bis SSW–NNE streichenden Strukturen erkannt werden; der Nachweis wurde für die Lagerstätte Reyershausen von Hentschel (1961), für das übrige Südharzgebiet von Stolle (1957 und 1959a) erbracht. Von großen Sekundärvertaubungen begleitet sind die besonders markanten Sattelzonen bei „Glückauf"-Berka, Großfurra, Großbodungen und südlich Bernterode. Sehr eingehend konnte der SW–NE verlaufende Teil des Hauptsattels von Königshall-Hindenburg, Reyershausen, untersucht werden. Hier wurden von Storck (1955) und Hentschel (1961) unter Vertaubungen zahlreiche erzgebirgisch streichende Dehnungsspalten im Staßfurt-Steinsalz festgestellt, welche den aszendenten Salzlösungen nachweislich als bevorzugte Bewegungsbahnen dienten. Im übrigen Südharzgebiet wurden ähnliche, aber etwas weniger ausgeprägte Erscheinungen im Staßfurt-Steinsalz bisher nur im Grubenfeld Bleicherode, insbesondere im Bereich des N—S verlaufenden Nordostfeldsattels, erkannt; das schließt aber ein Auftreten in anderen, bisher weniger erschlossenen bzw. untersuchten Gebieten nicht unbedingt aus. Auch Borchert (1962) mißt den vorzugsweise unter Dehnung stehenden rheinisch bis erzgebirgisch gerichteten Antiklinen hinsichtlich der Wegsamkeit für aszendente Laugen eine weit größere Bedeutung bei als den durch ± starke Pressung gekennzeichneten herzynischen Strukturen.

Bemerkenswert ist eine Beobachtung in der Grube „Glückauf"-Berka. Hier setzt die Grenze Hartsalz/Vertaubung WSW—ENE über den erzgebirgisch streichenden Schachtsattel hinweg und läßt somit den Schluß auf eine der Auffaltung bereits vorausgegangene Entstehung der heutigen Flözausbildung zu. Da aber eine syngenetische Faziesdifferenzierung auf Grund der starken, unregelmäßigen Verzahnung der Salzgesteine unwahrscheinlich ist, verbleibt die Möglichkeit einer Metamorphose entweder im Frühstadium der Tektogenese oder noch während der Epirogenese. Bewegungen epirogenen Charakters bestimmen im Untersuchungsgebiet weitgehend das Sedimentationsgeschehen im Zechstein (u. a. Stolle 1962); weiterhin sind sie vor allem im Mittleren Buntsandstein (Langbein & Seidel 1961; Herrmann 1962 u. a.) nachgewiesen. Das bedeutsamste Strukturelement ist stets die rheinische Eichsfeldschwelle, deren Einfluß auf das östlich angrenzende Südharzgebiet stark gewechselt, aber niemals ganz gefehlt haben dürfte. Im Zechstein beginnt sich bereits die herzyne Richtung in der Gestaltung des Südharz-Teilbeckens stark geltend zu machen unter Zurückdrängung der anfangs noch bedeutsameren erzgebirgischen Elemente. Über die Richtungsgebundenheit des epirogenen Geschehens im Mesozoikum fehlen innerhalb des engeren Untersuchungsgebietes Anhaltspunkte weitgehend. Um so wertvoller sind Hinweise über die entsprechenden Verhältnisse im westlich benachbarten Hessen und Niedersachsen, wo im Mittleren und Oberen Buntsandstein eine Vergitterung verschieden gerichteter Strukturelemente nachweisbar ist. Nach Herrmann (1962) „vollzieht sich die Ausgestaltung des Sedimentationsraumes des Mittleren Buntsandsteins in der Hessischen Senke zwar als ein epirogen verlaufender Bewegungsvorgang, zeichnet aber in der räumlichen Anordnung schon deutlich die späteren orogentektonischen Linien vor". Aus Analogiegründen darf daher wohl auch im Südharzgebiet für manches markante tektonische Strukturelement, welches über die Bedeutung lokal bedingter Salinartektonik hinausgeht, eine frühmesozoische, epirogene Anlage gefolgert werden. Mit solchen relativ schwachen Hebungen und Senkungen aber dürfte sich die anzunehmende behutsame Laugendurchtränkung bei großräumiger Salzumbildung im Kalisalzflöz besser in Einklang bringen lassen als mit ± kräftig wirkender Tektonik. Hinsichtlich der endgültigen Abwanderung der Lösungen verhält es sich allerdings umgekehrt. Mit großer Wahrscheinlichkeit ist also die regionale Salzmetamorphose durch frühmesozoische, vielleicht zum Teil sogar bereits zechsteinzeitliche Hebungen und Senkungen epirogenen Charakters eingeleitet worden, fand aber erst mit den frühesten tektonischen Bewegungen ihren Abschluß. Spätere syntektonische Salzumbildungen sind dann meist nur noch von jeweils lokaler Bedeutung gewesen.

Im Gegensatz zu Baar (1944—1945) muß die Feststellung getroffen werden, daß die rheinisch gerichtete Ohmgebirgsgrabenzone — zumindest läßt sich das von dem bergmännisch bereits in breiter Front unterfahrenen Holunger Graben sagen — als Bereich bevorzugter Abwanderung der Metamorphoselaugen in die Hangendschichten des Flözes und ins Deckgebirge nicht in Frage kommt. Dagegen spricht einmal der von Langbein & Seidel (1960) beschriebene Bau der Störungszone, vor allem aber deren Hinwegsetzen über ganz unterschiedliche Faziesbereiche ohne wesentlichen Einfluß auf dieselben (Abb. 1). Auch die zahlreichen Abscherungsstörungen in den Hangendschichten des Flözes oder andere Störungszonen kennzeichnen sich im allgemeinen nicht als bevorzugte Abwanderungszonen der Metamorphoselaugen, da sie erst nach den großräumigen Salzumbildungen entstanden sind (Stolle 1957 und 1959a). In den Hartsalz- und Vertaubungsgebieten des Südharzgebiets sind überhaupt selten Aufschlüsse anzutreffen, die sich als Bereiche bevorzugten vertikalen Laugenaufstiegs und -durchzugs und somit als eigentliche Zentren der Metamorphose eindeutig kennzeichnen. Als ein diesbezüglicher Modellfall ist die Lagerstätte von Reyershausen anzusehen; hier existieren nach Hentschel (1961):

a) Klüfte im Staßfurt-Steinsalz als Hauptaufstiegsbahnen der Liegendlaugen,
b) zonare Anordnung der Faziesbereiche im Bereich der erzgebirgischen Sattelstruktur,
c) brekziöser Anhydrit-Halit und „hereingebrochener" Grauer Salzton im Zentrum der Umbildungszone,
d) von der jeweils darunter herrschenden Lagerausbildung abhängige Spaltenfüllungen im Grauen Salzton,
e) $MgCl_2$-$CaCl_2$-Laugen in Hauptanhydritklüften.

Die übrigen geologischen, mineralogischen und geochemischen Nachweise der stattgefundenen Umbildungsvorgänge (Hentschel 1961 und Braitsch 1958) sollen an dieser Stelle nur summarisch erwähnt werden.

Bisher ist es sonst noch nirgends gelungen, für die Laugenzirkulation bei der Metamorphose und vor allem für das endgültige Verschwinden der umfangreichen Lösungsmengen aus dem umgebildeten Kalisalzflöz und aus den heute allgemein laugenfreien Hangendschichten eine widerspruchsfreie Erklärung oder einen sicheren Hinweis zu finden. Ein teilweise kilometerweites Vordringen der Lösungen von den Zentren größerer Vertaubungen in die heutigen Hartsalz- und Mischsalzbereiche ist physikalisch nicht gerade einfach zu untermauern. Wahrscheinlicher ist ein verbreitet stattgefundener, diffusionsartiger Aufstieg, der zu behutsamer und für begrenzte Feldesteile relativ einheitlicher Lagerdurchtränkung und -umbildung führte. In jedem Fall müssen aus den entstandenen Hartsalzbereichen erhebliche Mengen $MgCl_2$-reicher Laugen in die angrenzenden Carnallititgebiete eingedrungen oder in Richtung der Vertaubungen abgewandert sein. Der Nachweis solcher Laugenbewegungen wurde für Einzelfälle u. a. durch BAAR (1944—1945 und 1952) erbracht. Es bereitet jedoch Schwierigkeiten, für ausgedehnte Vertaubungs-, Hartsalz- und Mischsalzareale den endgültigen Verbleib der Lösungen plausibel zu machen; diese Bereiche sind nur zum geringen Teil an frühsaxonisch entstandene Sattelstrukturen gebunden, in deren Scheitelbereich hinreichend Dehnungsklüfte im Grauen Salzton zur Aufnahme bzw. zum Durchlaß der Laugen zu erwarten wären; gewisse Andeutungen solcher Beziehungen sind z. B. in „Glückauf", Sondershausen, zu erkennen (STOLLE 1959a, Abb. 10).

Untersuchungen über die Kluftfüllungen im Grauen Salzton des Südharzgebietes wurden verbreitet von LANGBEIN (1961) durchgeführt. Danach entspricht deren mineralogische Zusammensetzung in den meisten Fällen der des salinaren Bindemittels der benachbarten Salztongesteine. Diese Kluftfüllungen werden als Lateralsekretion gedeutet; „die vorwiegende Parallelfasrigkeit ... beweist die Gleichzeitigkeit von Kluftentstehung und Kluftfüllung". Das salinare Bindemittel ist ein wesentlicher Bestandteil (bis 50%) des Grauen Salztones; es treten sowohl Carnallit als auch Steinsalz oder Anhydrit auf. Wichtig ist die fast für alle Aufschlüsse zutreffende Feststellung, daß sich die Salztonklüfte hauptsächlich auf die tonig-sandigen Partien beschränken und im liegenden tonig-anhydritischen Teil nach unten ausklingen. Nach LANGBEIN können Kluftfüllungen im Salzton also nur dann zur Erörterung von Fragen der Faziesentwicklung und -änderung herangezogen werden, wenn durch unmittelbare (räumliche) Verbindung mit dem Kalilager ein solcher Zusammenhang gesichert ist. Solche Zusammenhänge wurden aber bisher relativ spärlich nachgewiesen und gestatten somit noch nicht die Aufstellung irgendwelcher Regeln.

Es sind im Südharzgebiet auch nur äußerst selten geringe Laugenmengen im Hauptanhydrit, Grauen Salzton oder in anderen Horizonten des Zechsteins 3 und 4 nachgewiesen worden. In diesem Zusammenhang sind jedoch abnorm hohe Bromgehalte im Basisbereich des Leine-Steinsalzes von Interesse, die bei fast allen untersuchten Tiefbohrprofilen im Südharzgebiet festgestellt werden. Der Verlauf der Bromkurven dicht über dem Hauptanhydrit gleicht auffallend denen, die von SCHULZE & SEYFERT (1959) bei entsprechenden Aufschlüssen in Sachsen-Anhalt ermittelt und ausgewertet werden konnten. Die hohen Bromgehalte werden durch einen Cl-Br-Ionenaustausch mit hoch bromhaltigen, aus dem Flöz Staßfurt ins Hangende migrierten Laugen erklärt. Deren Mengen sollen auf Grund des rechnerisch erfaßten Austauscheffektes eine Laugensäule von 0,6 m in keinem Lagerstättenbereich Sachsen-Anhalts überschritten haben. Nach Ansicht der beiden Autoren konnten diese Laugen im Kalisalzflöz $MgCl_2$ oder KCl nur in unbedeutendem Maße lösen und „ist daher die Umbildung zu den heute vorliegenden kristallwasserfreien oder -ärmeren Mineralien bereits im syngenetischen oder frühdiagenetischen Stadium zu fordern". Es besteht also Übereinstimmung mit LANGBEIN (1961), der auf Grund seiner Salztonuntersuchungen zu analoger Schlußfolgerung gelangt. Dennoch können die Untersuchungsergebnisse der in relativ beschränkter Anzahl bearbeiteten Aufschlüsse im Leine-Steinsalz und Grauen Salzton eine Laugenmigration bei epigenetischer Hydrometamorphose des Staßfurtflözes nicht allgemein ausschließen, zumal eine solche Migration vermutlich vorwiegend in zonar begrenzten Bereichen stattfand. Es ist außerdem erneut darauf hinzuweisen, daß viele Erscheinungen im Kalisalzlager nur durch die Wirksamkeit aszendenter Lösungen zu einem Zeitpunkt bereits relativ guter Abdichtung durch den Grauen Salzton erklärbar sind.

Für den Verbleib der Lösungen der Kalisalzmetamorphose darf übrigens nicht ausschließlich das Hangende des Flözes in Betracht gezogen werden. In ausgedehnten Bereichen des Nord- und Nordostfeldes Bleicherode und des Ostfeldes „Glückauf", Sondershausen, sind dem Staßfurt-Steinsalz bis in die tiefsten Partien hinab in reicher Menge Nester und Linsen von Carnallit, sehr untergeordnet auch von Sylvin diffus eingelagert. Hier dürften die bei der Metamorphose im Kalisalzlager bereits entstandenen $MgCl_2$-reichen Laugen im Austausch gegen die im Steinsalz noch befindlichen $CaSO_4$- und NaCl-haltigen Laugen nach unten gewandert sein, als das Hangende des Flözes noch relativ gut abdichtend wirkte. Doch auch in diesem Falle steht schließlich wieder die Frage nach dem endgültigen Verbleib des Lösungsmittels. LOTZE (1957) mißt einer kapillaren Verdunstung in der Zeiteinheit geologischer Perioden allgemein große Bedeutung bei. Damit ließe sich der gesamte Fragenkomplex relativ leicht lösen. Falls jedoch der Überlagerungsdruck dem notwendigen Verdampfungsdruck in starkem Maße entgegengestanden haben sollte, müßte die Hypothese modifiziert werden zugunsten einer kapillaren Abwanderung der Salzlösungen, nicht nur des Lösungsmittels. Das schließt nicht aus, daß ein ± großer Teil der Laugen gleichzeitig oder später auf tektonischen Klüften unterschiedlichster Dimensionen in das Hangende entwichen ist.

Tabelle. Zusammensetzung des Carnallitits im Grenzbereich der NW-Feld-Vertaubung Bleicherode (Hochbohrung bei MP. 1580 in Maschinenstrecke IV)

bis m	$CaSO_4$	$MgSO_4$	CaO	MgO	KCl	$MgCl_2$	NaCl	SiO_2	Unl. (HCl)	R_2O_3	H_2O	K_2O
1	13,3	0,1	–	0,3	17,2	21,9	21,1	–	0,4	0,2	25,8	10,9
2	11,2	1,1	–	0,4	17,5	22,1	20,5	–	0,4	0,2	26,6	11,1
3	11,9	1,2	–	0,3	17,0	21,8	21,2	–	0,4	0,2	26,2	10,7
4	11,9	0,9	–	0,4	17,8	22,4	19,4	–	0,5	0,2	26,5	11,2
5	12,9	0,6	–	0,4	17,9	22,3	18,5	–	0,6	0,2	26,8	11,3
6	13,6	0,6	–	0,5	18,3	22,1	18,2	–	0,5	0,3	26,1	11,6
7	13,0	1,4	–	0,2	18,7	22,4	17,3	–	0,4	0,2	26,4	11,8
8	19,0	0,8	–	0,1	17,4	20,1	18,4	–	0,6	0,4	23,4	11,0
9	17,0	0,4	–	0,1	16,6	20,8	19,6	–	0,8	0,4	24,6	10,5
10	18,4	0,5	–	0,2	16,4	20,2	19,1	–	0,9	0,6	23,9	10,4
11	8,2	0,5	–	0,1	13,3	17,2	39,8	–	0,5	0,2	20,3	8,4
12	10,4	0,1	–	–	8,6	5,3	68,3	–	0,6	0,2	6,2	5,4
13	14,8	–	–	–	18,0	2,9	57,4	–	2,1	0,5	3,9	11,4
14	4,8	–	–	0,2	10,3	4,7	73,9	–	0,4	0,1	5,7	6,5
15	29,6	–	–	0,6	4,2	1,7	48,7	–	9,6	2,3	3,2	2,7
16	31,3	–	0,4	1,8	1,7	1,5	25,0	–	27,8	5,0	5,9	1,1
17	32,3	–	1,3	3,2	1,6	1,7	24,8	19,2	–	8,9	6,1	1,0

Schlußfolgerungen für die praktische Erkundungstätigkeit

Obwohl manche Detailfragen der Kalisalzgenese noch nicht genügend erforscht sind, läßt sich doch bereits eine gezielte Hartsalzerkundung durchführen. Unverkennbar ist der maßgebliche Einfluß der paläogeographischen Konstellation auf die heutige großräumige Salzverteilung im Flöz Staßfurt. In den jungpaläozoisch gebildeten großen Muldenzonen ist die ursprüngliche carnallitische Lagerausbildung heute noch vorwiegend erhalten. Bevorzugt im Bereich der alten Grundgebirgsschwellen und in beckenrandlichen Arealen ist es durch Ca-haltige Süßwasserzuflüsse und Laugenseparierung zur syngenetischen Bildung ± tonreicher Vertaubungen gekommen und möglicherweise im unmittelbaren seitlichen Anschluß daran zur Entstehung primären, vielleicht zum Teil sekundär wieder vertaubten Hartsalzes. Mit Sicherheit haben in der weiteren Umgebung in großem Umfang hydrometamorphe Umbildungen des carnallitischen Primärgesteins zu Hartsalz und in vielen Fällen weitergehend zu Vertaubung stattgefunden. Auf diese Vorgänge ist im wesentlichen die heutige Faziesverteilung in den bergmännisch erschlossenen Feldesteilen zurückzuführen. Für die Erkundung in diesen Bereichen ist die Kenntnis der Hauptaufstiegsbereiche der vorzugsweise aus den Basisschichten des Zechsteins 2 herzuleitenden Metamorphoselaugen von großer Bedeutung. Es gilt als sicher, daß vor allem markante

SW–NE-Strukturen Hauptzentren der Umbildungen darstellen; fast stets sind sie von größeren, sekundären Vertaubungen begleitet. Eine erste Anlage dieser Antiklinen bei den frühmesozoischen oder zechsteinzeitlichen, noch zur Epirogenese gehörenden Hebungen und Senkungen ist wahrscheinlich, womit auch die Möglichkeit eines entsprechend frühen Beginns der Salzumbildungen im Kalisalzflöz gegeben ist. Spätestens am Ende der ersten tektonischen Beanspruchung des Südharzgebietes, bei welcher die hauptsächlich erzgebirgisch bis rheinisch gerichteten Strukturen entstanden sind, war die heutige großräumige Faziesverteilung in ihren wesentlichen Zügen fixiert. Bei der späteren Haupttektogenese ist es im Zusammenhang mit der Entstehung der vorherrschend herzyn gerichteten Strukturelemente zu relativ engbegrenzten Überprägungen gekommen. Dabei können sich auch solche Mineralparagenesen und Einzelminerale gebildet haben, die eine höhere Entstehungstemperatur fordern, als sie bei der geothermischen Tiefe früherer Salzumbildungen gewährleistet war.

Für eine bevorzugte Hartsalzhöffigkeit in beckenrandlichen und schwellennahen Arealen lassen sich folgende Argumente geltend machen:

a) Durch großräumige Laugenseparierung und Zuflüsse von Festlandswässern kann hier Hartsalz primär bis subprimär entstanden sein.

b) Infolge zu geringer NaCl-Konzentration der Meereslösungen in den $CaSO_4$-Abscheidungsphasen des Zechsteins 1 und 2 kann die primäre oder diagenetische Anhydritbildung in manchen Bereichen unterblieben sein, worauf die Abspaltung der Gipswässer vielleicht erst dann erfolgte, als durch sie eine Beeinflussung der Staßfurt-Kalisalze möglich war.

c) Große Mächtigkeiten und günstige petrofazielle Entwicklung des Hauptdolomits lassen letzteren hier in besonderem Maße als Muttergestein von Laugen (Erdölbegleitwässern) in Frage kommen, welche die metamorphen Umbildungen im Kalisalzflöz (mit) bewirkten.

d) Die relativ hohe Lage der zur Betrachtung stehenden Gebiete kann im beschränkten Umfang ein seitliches Zuwandern von Lösungen aus etwas tiefer gelegenen Arealen begünstigt haben.

e) Im Bereich alter Grundgebirgsschwellen dürften sich relativ frühzeitig Hebungen und Senkungen epirogener und tektonischer Art, welche die Salzmetamorphose einleiteten und beeinflußten, abgespielt haben.

Bei der Auswertung von Tiefbohrergebnissen außerhalb großräumig zusammenhängender Carnallititareale ist zu beachten, daß die gründliche Untersuchung der Flözausbildung einzelner Bohrungen für sich allein zu einer zuverlässigen Lagerstättenbeurteilung des umliegenden Bereiches nicht ausreicht. Unter Berücksichtigung oben aufgezeigter Beziehungen zwischen Genese und Ausbildung der Salzgesteine des Flözes einerseits und den petrofaziellen Verhältnissen der übrigen Zechsteinhorizonte andererseits kann nur eine komplexe Auswertung des gesamten Tiefbohraufschlusses zum Ziele führen. Besonderes Augenmerk ist dabei auch auf die Tektonik zu richten; denn diese ist durchaus nicht nur interessant hinsichtlich der vom Bergbau zu berücksichtigenden Lagerungsverhältnisse, sondern auch hinsichtlich ihrer möglichen Einwirkung auf die Kalisalzmetamorphose. So sind rheinisch bis erzgebirgisch gerichtete Antiklinen infolge ihres stärkeren Einflusses auf die regionale Faziesverteilung im Flöz wesentlich anders zu bewerten als die meist nur zu räumlich begrenzter Überprägung führenden herzynischen Strukturen. Klüftung und Kluftfüllungen in den Hangendschichten des Kalisalzlagers sind im Hinblick auf ihre Aussage über den Verbleib von Metamorphoselaugen stets kritisch zu beurteilen. Desgleichen sind sekundäre Umbildungen im Staßfurt-Steinsalz als Hinweise auf aszendente Lösungen von besonderem Interesse. Bedauerlich ist, daß die Basishorizonte der Staßfurt-Serie bei Kalisalzerkundungsbohrungen aus sicherheitsmäßigen und technischen Gründen in den seltensten Fällen mit durchteuft und untersucht werden können; das besonders heikle Problem der Herkunft der Metamorphoselaugen erfordert dringend entsprechende Untersuchungen dieser Schichten. Es wäre sehr zu wünschen, wenn der Kalisalzlagerstättenforschung in diesem Punkt seitens der Erdölgeologie Unterstützung zuteil würde.

Zusammenfassung

Die Kenntnis der Kalisalzgenese ist die wichtigste Grundlage für eine gezielte Erkundung der Faziesverteilung im Flöz Staßfurt. Es sind bis jetzt noch nicht alle Probleme der primären Abscheidung und sekundären Umbildung der Kalisalzgesteine gelöst. Dennoch bestehen bereits relativ gut fundamentierte Vorstellungen, für welche Gebiete bevorzugt Hartsalzhöffigkeit anzunehmen ist. Die unterschiedlichen paläogeographischen Verhältnisse der einzelnen Beckenbereiche haben schon zu einer gewissen Differenzierung der primären Salzablagerungen geführt. Die für die heutige Faziesverteilung bedeutungsvollere großräumige Salzmetamorphose ist von der Einwirkung aszendenter Lösungen abhängig gewesen und stand unter dem Einfluß epirogener und frühester tektonischer Bewegungen. Diese sind zum großen Teil noch der alten erzgebirgischen bis rheinischen Richtung gefolgt, lassen aber die herzyne Richtung nicht gänzlich vermissen. Die Haupttektogenese verursachte nur noch ± engbegrenzte Lagerumbildungen. Die Vielfalt der auf die Salzgenese einen Einfluß ausübenden Faktoren gilt es durch komplexe Auswertung der Gruben- und Tiefbohraufschlüsse zu erfassen und der Lagerstättenbeurteilung umliegender Bereiche zugrunde zu legen.

Резюме

Знание происхождения калийных солей является главной основой для направленной разведки распределения фаций в пласте „Штасфурт". До сих пор еще не решены все проблемы первичного выделения и вторичного преобразования калийных горных пород. Но все-таки существуют уже относительно хорошо обоснованные представления, где надо преимущественно расчитывать на перспективность в хартзальце. Разные полеогеографические условия отдельных участков бассейнов привели уже к определенной дифференциации первичных солевых отложений. Региональный метаморфизм солей, имеющий большое значение для современного распределения фаций, находился в зависимости от воздействия восходящих растворов и на него повлияли эпейрогенные и самые ранние тектонические движения. Эти движения в сильной степени были приурочены к древнему рудогорскому-рейнскому направлению, но герцинское направление не совсем отсутствует. Главный тектогенез лишь приводил к более или менее небольшим образованиям залежей. Путем комплексного использования данных, полученных в шахтах и глубоких скважинах, следует охватывать многообразие влияющих на происхождение соли факторов; результаты следует использовать при оценке перспективности месторождений прилегающих районов.

Summary

The knowledge of the potash salt genesis is the most important basis for a purposive reconnaissance of the distribution of facies in the Staßfurt seam. Although a solution of all problems connected with the primary separation and secondary metamorphism of potash salt rocks is still open, there are already relatively well founded views of areas for which hard salt bearing must be preferably supposed. The different palaeogeographical conditions of the individual basins have already led to a certain differentiation of the primary salt deposits. The large-area salt metamorphism being more relevant to the present-day distribution of facies depended on the effect of ascending solutions and was influenced by epirogenetic and earliest tectonic movements. These still followed to a major degree the old Erzgebirge-Rhenish direction, are, however, not entirely lacking the Hercynian direction. The main tectogenesis has only caused ± narrow transformations of the deposit. The variety of factors affecting the genesis of the salt must be determined by a complex utilization of mine and deep boring exposures, and must be taken as a basis for the evaluation of deposits situated in surrounding areas.

Literatur

D'ANS, J.: Über die Bildung und Umbildung der Kalisalzlagerstätten. – Z. Naturwiss., 34, 295–301 (1947).
D'ANS, J. & R. KÜHN: Bemerkungen zur Bildung und zu Umbildungen ozeaner Salzlagerstätten. – Kali u. Steinsalz, 3, 69–84 (1960).
BAAR, A.: Entstehung und Gesetzmäßigkeiten der Fazieswechsel im älteren Kalilager am westlichen Südharz unter besonderer Berücksichtigung des Kaliwerkes Bismarckshall. – Diss., T. H. Berlin 1944; Kali, 38, 175–181, 189–197, 207–211 (1944); 39, 3–6 (1945).
– Entstehung und Gesetzmäßigkeiten der Fazieswechsel im älteren Kalilager am Südharz (II). – Bergakad., 4, 138–150 (1952) (1952a).
– Neue Ergebnisse der Kalilagerstättenforschung und Erfolge in der Bergbaupraxis. – Bergbautechn., 2, 77–78 (1952) (1952b).
– Über Zusammenhänge zwischen Tektonik, Landschaftsform und Kalilagerstätte am Südharz. – Freib. Forschungs-H. C 5, 5–10 (1953).
– Über die fazielle Entwicklung der Kalilagerstätte des Staßfurtflözes. – N. Jb. Geol. Paläont., Abh. 111, 111–135 (1960).
BORCHERT, H.: Die Lagerstätten des deutschen Zechsteins, ein Beitrag zur Entstehung ozeanischer Salzablagerungen. – Arch. Lagerstättenforsch., 67 (1940).
– Ozeane Salzlagerstätten. – Verl. Borntraeger, Berlin 1959.
– Der Wasserhaushalt bei der Metamorphose der Kalisalze. – Vortrag z. Tagung geol. Ges. DDR in Erfurt am 14. bis 18. 5. 62 (1962).
BORCHERT, H. & E. BAIER,: Zur Metamorphose ozeaner Gipsablagerungen. – N. Jb. Min., Abh. 86, 103–154 (1953).
BRAITSCH, O.: Mineralparagenesis und Petrologie der Staßfurtsalze in Reyershausen. – Kali u. Steinsalz, 3, 1–14 (1960).
DIETZ, C.: Tektonik und Salze des unteren Eichsfeldes. – Abh. preuß. geol. Landesanst., NF., 95, 83–109 (1923–1925).
ELERT, K.-H.: Mineralogische und geochemische Untersuchung der 3 Faziesbezirke des Staßfurt-Horizontes auf der Grube Neu-Sollstedt des Kaliwerkes „Karl Marx". – Diplomarb., Bergakad. Freiberg 1960.
HENTSCHEL, J.: Die Faziesunterschiede im Flöz Staßfurt des Kalisalzbergwerkes Königshall-Hindenburg. – Kali u. Steinsalz, 3, 137–157 (1961).
HERRMANN, A. G.: Geochemische Untersuchungen an Kalisalzlagerstätten im Südharz. – Freib. Forschungs.-H. C 43, 1–112 (1958).
– Über die Einwirkung Cu-, Sn-, Pb- und Mn-haltiger Erdölwässer auf die Staßfurt-Serie des Südharzbezirkes. – Neues Jb. Min., Mh. 1961, 60–67 (1961).
HERRMANN, A.: Epirogene Bewegungen im germanischen Buntsandstein und deren Bedeutung für lithostratigraphische Parallelisierungen zwischen Nord- und Süddeutschland. – Geol. Jb., 81, 11–72 (1962).
HOYNINGEN-HUENE, E. v.: Die Texturen der subsalinaren Anhydrite im Harzvorland und ihre stratigraphische und fazielle Bedeutung. – Geologie, 6, Beih. Nr. 18 (1957).
JUNG, W.: Zur Feinstratigraphie der Werraanhydrite (Zechstein 1) im Bereich der Sangerhäuser und Mansfelder Mulde. – Geologie, 7, Beih. Nr. 24 (1958).
KÜHN, R.: Mineralogische Fragen der in den Kalisalzlagerstätten vorkommenden Salze. – In: Kali-Symposium 1955, 51–105, Bern 1956.
LANGBEIN, R.: Bericht über die Ergebnisse petrographisch-geologischer Untersuchungen an Salztonen des Zechsteins im Südharzrevier. – Unveröff. Manuskr., Geol. Dienst Jena 1961.
LANGBEIN, R. & G. SEIDEL,: Zur Geologie im Gebiet des Holunger Grabens (Ohmgebirgsgrabenzone). – Geologie, 9, 36–57 (1960).
– Zur Ausbildung des Mittleren Buntsandsteins in Westthüringen. – Z. angew. Geol., 7, 573–575 (1961).
LÖFFLER J.: Primäre Sedimentationsunterschiede im Zechstein 2 und 3. – Geologie, 9, 768–777 (1960).
– Zur Hartsalzverbreitung in Südbrandenburg und im Werra-Kalisalzgebiet. – Z. angew. Geol., 7, 175–177 (1961) (1961a).
– Zur Hartsalzerkundung durch Übertagebohrungen in der Deutschen Demokratischen Republik. – Z. angew. Geol., 7, 347–349 (1961) (1961b).
– Zur Problematik der Hartsalzentstehung. – Ber. geol. Ges. DDR, 6, 228–241 (1962).
LOTZE, F.: Steinsalz und Kalisalze. I. Teil (Allgemein geologischer Teil). – Verl. Borntraeger, Berlin 1957.
RICHTER, A.: Die Rotfärbung in den Salzen der deutschen Zechsteinlagerstätten. – Unveröff. Diss., Univ. Jena 1960.
RICHTER-BERNBURG, G.: Über salinare Sedimentation. – Z. deutsch. geol. Ges., 105, 593–645 (1955).
SCHULZE, G.: Beitrag zur Stratigraphie und Genese der Steinsalzserien I–IV des mitteldeutschen Zechsteins unter besonderer Berücksichtigung der Bromverteilung. – Freib. Forschungsh. A 123 (1959).
SCHULZE, G. & H. SEYFERT,: Der Bromgehalt an der Basis des Leinesteinsalzes und seine Beziehung zur Faziesdifferenzierung im Flöz Staßfurt. – Z. angew. Geol., 5, 62–69 (1959).
SEIDEL, G.: Zur Kalisalzerkundung im Thüringer Becken. – Z. angew. Geol., 7, 178–181 (1961).
STOLLE, E.: Gasvorkommen in Kalibergwerken des Südharzgebietes. – Diplomarb., Univ. Jena 1952; Bergbautechn., 3, 646–650 (1953); 4, 46–52 (1954).
– Disharmonische Abscherungsbewegungen in den Hangendschichten des Kalilagers Staßfurt im Südharz-Kalirevier. – Unveröff. Diss., Univ. Jena 1957.
– Disharmonische Tektonik im Zechstein des Südharzgebietes. – Ber. geol. Ges. DDR, 4, 299–312 (1959) (1959a).
– Die Entstehung der Kalisalzlagerstätten unter besonderer Berücksichtigung des Südharzgebietes. – Vortrag geol. Ges. DDR, Ortsverband Jena (1959) (1959b).
– Zur Faziesdifferenzierung im Südharz-Kalirevier. – Ber. geol. Ges. DDR, 6, 266–286 (1962).
STOROK, U.: Die Entstehung der Vertaubungen und des Hartsalzes im Flöz Staßfurt im Zusammenhang mit regelmäßigen Begleiterscheinungen auf dem Kaliwerk Königshall-Hindenburg. – Kali u. Steinsalz, 1, H 6, 21–31 (1952–1955).
TINNES, A.: Die Ältere Salzfolge Mitteldeutschlands unter besonderer Berücksichtigung des Unstrutgebietes. – Arch. Lagerstättenforsch., 38 (1928).
Archivunterlagen der Kaliwerke einschließlich unveröffentlichter geologischer und mineralogischer Diplomarbeiten.

Einige Besonderheiten der Lithologie des „Hauptkarbonats" im Südteil von Südbrandenburg[1)]

O. A. TSCHERNIKOW, Moskau, & K. KAUTER, Berlin

In den Ablagerungen des „Hauptkarbonats"[2)] wurden bis jetzt Kalke, dolomitische Kalke und Dolomite mit normalkristalliner, ooidischer und organogener Struktur beobachtet.

Bei der Untersuchung dieser Ablagerungen in Südbrandenburg wurden neben den genannten lithologischen Varietäten Typen karbonatischer Gesteine angetroffen, die früher in den Ablagerungen des „Hauptkarbonats" nicht festgestellt worden waren. Es handelt sich um Kalke mit klastischer Struktur, die im unteren Teil der Profils des „Hauptkarbonats" von den Bohrungen Schlieben 4 und Luckau 2 in Teufen von 242 bis 263 m bzw. 305–328 m aufgeschlossen wurden. Makroskopisch sind es grau und dunkelgrau gefleckte brekzienartige Gesteine (Abb. 1).

Unter dem Mikroskop ist zu beobachten, daß das zu zementierende Material dominiert. Es besteht aus unregelmäßig ausgebildeten Bruchstücken von Kalk mit normalkristalliner Struktur und grauer bis hellgrauer Farbe. Hier kommen auch bis zu 3 cm im Durchmesser große, in verschiedenem Maße gerundete sowie einzelne eckige Körner einer aleuritischen Varietät vor. Im ganzen wird nach oben hin im Profil der Abrollungsgrad der Bruchstücke schlechter. Der klastische Teil unterscheidet sich stark vom Bindemittel, das aus einer pelitomorphen Masse von dunkelgrauem und schwarzem

1) Eingang des Manuskripts in der Redaktion: 22. 8. 1962.
2) Der Ausdruck „Hauptkarbonat" entspricht dem Sinn der Untergliederung des Zechsteins nach RICHTER-BERNBURG. Er umfaßt den Hauptdolomit und alle äquivalenten Erscheinungen im Zechstein 2.

Abb. 1. Schliff (Anschliff) eines klastischen Kalkes; Bohrung Luckau 2, Teufe 315,6 m, zweifache Vergrößerung

Calcit besteht. Die pelitomorphe Masse ist mit feindispersem, bituminösem Material angereichert, das dem Bindemittel die dunkle Färbung verleiht (Abb. 2).

Im Profil der Bohrung Luckau 2 sind in der pelitomorphen calcitischen Masse kleine unregelmäßig verteilte Dolomitrhomboeder zu beobachten, ferner unregelmäßig ausgebildete Partien, die aus großen idiomorphen Calcitkristallen bestehen. Hin und wieder dringen einzelne große Kristalle dieser Partien in die Körper der Trümmerkomponenten ein. Die grobkristallinen Calcitaggregate entstanden durch Umkristallisation des karbonatischen Gesteinsmaterials.

Nach oben hin nimmt im Profil die Menge dieser Aggregate und folglich auch der Grad der Umkristallisation zu, wobei dieser Vorgang auch das karbonatische Material der Trümmer erfaßt. In gleicher Richtung nimmt der Unterschied zwischen dem klastischen Material und dem Bindemittel der zu charakterisierenden Kalkgesteine allmählich ab. Die Grenzen der Trümmer verwischen sich. Sie lösen sich gleichsam im Bindemittel auf. Auch der Unterschied in der Färbung der Strukturelemente wird geringer. Die Fleckung verschwindet.

So wurde in der Bohrung Luckau 2 die klastische Struktur des einer Teufe von 310 m entstammenden

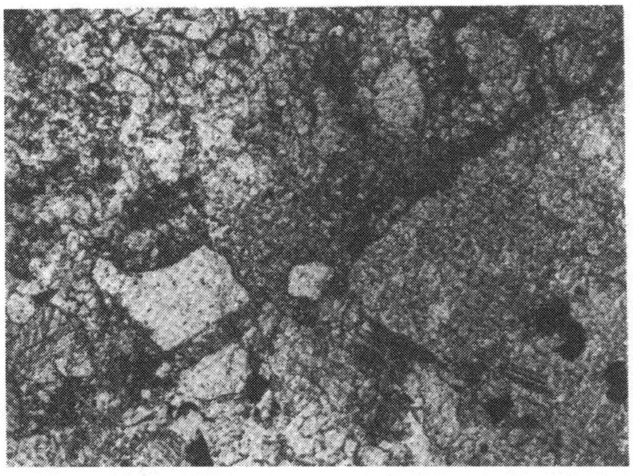

Abb. 2. Schliff eines klastischen Kalkes; Bohrung Schlieben 4, Teufe 260 m, 35fache Vergrößerung

Gesteins nur mit großer Mühe und nur unter dem Mikroskop bestimmt.

Mit der Charakteristik der Gesteine, welche die beschriebenen klastischen Kalke überdecken, wollen wir uns hier nicht aufhalten. Wir möchten nur darauf hinweisen, daß in der Bohrung Schlieben 4 über den klastischen Kalken algenreiche Varietäten liegen, in der Bohrung Luckau 2 aber normalkristalline Dolomite.

Es ist noch eine Besonderheit im Profil des „Hauptkarbonats" im Untersuchungsgebiet hervorzuheben. Bei der Untersuchung des Profils der Bohrung Schönewalde 1, das aus Kalken und Dolomiten mit normalkristalliner, seltener ooidischer Struktur besteht, wurde eine bis 50 cm mächtige Zwischenlage eines mit einer klastisch-terrigenen Beimengung angereicherten Kalkes und mit Ausscheidungen von Glaukonit angetroffen. Die Anwesenheit von Glaukonit in den Gesteinen des „Hauptkarbonats" wurde bisher in der Literatur nicht angeführt. Daher verweilen wir an dieser Stelle bei der Charakteristik dieser Gesteine.

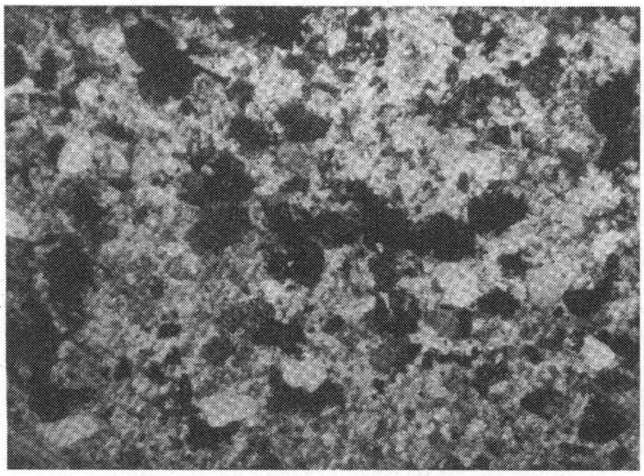

Abb. 3. Glaukonithaltiger Kalkstein (die Glaukonitkörner sind hellgrau, mit Aggregatbau); Bohrung Schönewalde 1, Teufe 259 m, 45fache Vergrößerung

Von den umgebenden Gesteinen des Profils unterscheidet sich diese Zwischenlage makroskopisch nur durch ihre grünliche Färbung.

Mikroskopisch stellt dieses Gestein einen Kalk mit normalkristalliner Struktur dar. In der feinkörnigen Calcitmasse sind zahlreiche grüne und dunkelgraue Glaukoniteinschlüsse zu beobachten (Abb. 3). Der Glaukonit ist gerundet und weist einen Aggregatbau der im Durchmesser 0,05—0,25 mm großen Körner auf. Die Einschlüsse sind im Gestein unregelmäßig verteilt, sie machen etwa 8% davon aus.

In ebendenselben Gesteinen tritt ein höherer Gehalt terrigener Beimengungen in Gestalt aleuritischer und feinsandiger, wenig abgerollter Quarz- und seltener Feldspatkörner auf. Das klastische Material ist im Gestein unregelmäßig verteilt, es konzentriert sich hin und wieder in der Form feiner Zwischenmittel. Der Gehalt der terrigenen Beimengung erreicht bis zu 15—20%.

Einige Quarzkörner sind von Regenerationssäumen umgeben. Die Abscheidungen der Kieselsäure kommen auch in Form seltener Chalcedonrosetten vor. In den gleichen Gesteinen sind auch Abscheidungen von Pyrit zu beobachten, und zwar in Gestalt idiomorpher Kristalle oder feinkörniger, unregelmäßig ausgebildeter Aggregate. Der Pyrit dringt bisweilen in die Glaukonitkörner ein. Der Glaukonit entstand in diesen Ablagerungen durch frühdiagenetische Veränderung des Sediments, und zwar früher als die Pyritausscheidungen.

Das Auftreten des Glaukonits kennzeichnet die Eigenartigkeit der geochemischen und paläogeographischen Sedimentationsverhältnisse und der frühdiagenetischen Veränderungen des Sediments. Die Originalität der paläogeographischen Verhältnisse bei der Bildung des „Hauptkarbonats“ dieses Territoriums bezeugen auch die klastischen Kalke.

Im folgenden wollen wir versuchen, die Bildungsverhältnisse dieser Ablagerungen zu charakterisieren. Vorher sei die Bemerkung gestattet, daß die obenerwähnten Bohrungen (Schlieben 4, Luckau 2 und Schönewalde 1) alle auf einer Linie liegen, welche die Verbreitung der Ablagerungen des „Hauptkarbonats“ nach Süden hin begrenzt.

Die Bildung der klastischen Karbonatgesteine erfolgt durch Umlagerung eines noch nicht völlig konsolidierten Sediments, das sich zeitweilig an der Oberfläche befand, und zwar unter der zerstörenden Wirkung der Wellen. Das zeugt davon, daß man sich in unmittelbarer Nähe der Uferlinie des damaligen Beckens befindet.

Der Umstand, daß die klastischen Karbonatgesteine der Linie folgen, welche die Verbreitung der Ablagerungen des „Hauptkarbonats“ begrenzt, ist kaum zufällig. Offensichtlich wird dadurch die Lage der Uferlinie des Beckens zur Bildungszeit des „Hauptkarbonats“ bestimmt. Der Verlauf der Küstenlinie und ihre Lage während der Bildungszeit der Ablagerungen des „Hauptkarbonats“ änderten sich häufig und erheblich. Auf jeden Fall befand sich gegen Ende ihrer Bildungszeit die Küstenlinie etwas südlicher als die obengenannten Bohrungen. Davon zeugt der Umstand, daß im Profil dieser Bohrungen die klastischen Kalke von Karbonaten mit normalkristalliner und Algenstruktur abgelöst wurden.

Die mit Glaukonitausscheidungen und klastischen Beimengungen angereicherten Gesteine im Profil der Bohrung Schönewalde 1 zeugen ebenfalls davon, daß während der Ablagerung dieses Zwischenmittels die Uferlinie in unmittelbarer Nähe war.

Die normale geochemische Charakteristik des Mediums im Sediment und im Becken des „Hauptkarbonats“ ist neutral oder schwach alkalisch.

Die Bildung des Glaukonits erfolgt aber im sauren Medium. Dieses konnte durch starke Aerisierung des Sediments und seine Anreicherung mit Kieselsäure entstehen. Auf die Anwesenheit von Kieselsäure in diesen Sedimenten deuten auch der höhere Gehalt an klastischen terrigenen Beimengungen und die Ausscheidungen der Chalcedonrosetten.

In den Ablagerungen des „Hauptkarbonats“ auf dem Territorium Südbrandenburgs ist daher ein Strandfaziestyp von Gesteinen auszuscheiden, anhand derer man den Verlauf und die Lage der Uferlinie des Beckens des „Hauptkarbonats“ sehr leicht bestimmen kann.

Literatur

EVERDING, H.: Zur Geologie des deutschen Zechsteins. – Abh. preuß. geol. Landesanst., N. F., **52**, Berlin 1907.

FULDA, E.: Die Salzlagerstätten Deutschlands. – Deutscher Boden, VI, Berlin 1938.

KÖLBEL, F.: Zur Stratigraphie und Erzführung des Zechsteins 1 (Werra) in Südbrandenburg und in der subsudetischen Zone. – Z. angew. Geol., **4**, 11, Berlin 1958.

– Die Entwicklung des Zechsteins in Südbrandenburg. – Z. angew. Geol., **7**, 2, Berlin 1961.

NALIWKIN, D. W.: Die Lehre von der Fazies. – Bd. I u. II, Verl. Akad. Wiss. UdSSR, Moskau 1956.

RICHTER, G.: Zur vergleichenden Stratigraphie des Zechsteins in Mitteldeutschland. – Z. Kali, S.193–197, Halle 1941; S.4–12, Halle 1942.

RICHTER-BERNBURG, G.: Stratigraphische Gliederung des deutschen Zechsteins. – Z. dtsch. geol. Ges., **105**, Hannover 1955.

TEODOROWITSCH, G. I.: Die Lehre von den Sedimentgesteinen. – Gostoptechisdat, Leningrad 1958.

TSCHERNIKOW, O. A.: Zur Porosität der Gesteine des „Hauptkarbonats“. – Z. angew. Geol., **8**, 12, Berlin 1962.

TWENHOFEL, W. H.: Treatise on sedimentation. – Russ. Übers. ONTI, Moskau–Leningrad 1936.

Einige Probleme der Ausbeutung von Erdöllagerstätten[1]

A. G. GABRIELJAN & I. N. SINJAGOWSKIJ

Die Vielfalt von Erdöl- und Gaslagertypen im Wolgograder Gebiet erfordert für jeden ein besonderes Gewinnungsverfahren. Bis heute sind jedoch nicht alle Fragen der rationellen Gewinnung aus Öl- und Gaslagerstätten geklärt, weil ihnen die wissenschaftlichen Forschungsorgane bisher nicht die notwendige Aufmerksamkeit widmeten.

Die Öl- und Gaslager des Wolgograder Gebietes treten in sedimentären, terrigenen bzw. karbonatischen Speichergesteinen des Karbons und Devons auf. Sie gehören zum Typ der Randwasser führenden Schichtantiklinalen. Davon abweichend sind die Gaslager im Korobkowsker Bereich an vermutlich massive karbonatische Gesteine der Serpuchower Namur- und unterbaschkirischen Serie geknüpft. Die Ausdehnung der Öl- und Gaslager ist sehr unterschiedlich. Etwa 66% der Öllager besitzen eine Gaskappe und enthalten 81% aller Erdölvorräte des Wolgograder Gebiets. Die Erdöl- und Gaslagerstätten des Wolgograder Gebiets bestehen aus einer großen Anzahl einzelner Lager, und zwar im Gebiet Schirnow 12 Lager, in Korobkowsk 10, in Bachmetjewsk 12 und in Artschedinsk 14.

In fast allen Lagern herrscht Randwasser- oder Gas-Wasser-Regime vor.

Im Zusammenhang mit den Besonderheiten der einzelnen Lagertypen ergeben sich Fragen, deren Klärung für eine rationelle Gewinnung außerordentlich wichtig ist.

1. Gewinnung aus Lagern in karbonatischen Gesteinen

Die Bedeutung der in karbonatischen Speichern auftretenden Lager wächst von Jahr zu Jahr. Im Wolgograder Gebiet umfassen sie 17% der Erdöl- und 70%

[1] Aus: „Geologija nefti i gasa“, H. 5, S. 8–12, Moskau 1961. – Übers.: W. TOBIAS

der Gasvorräte. Während bei der Gewinnung aus den Gaslagern keine ernsten Schwierigkeiten auftreten, ist die Förderung aus den Öllagern in karbonatischen Speichergesteinen mit besonderen Schwierigkeiten verknüpft. Die vorhandenen geophysikalischen Verfahren gestatten nicht, die produktiven Horizonte hinreichend genau abzugrenzen und die Schichtparameter zu bestimmen, die zur Vorratsberechnung und zur Kontrolle des Förderregimes in karbonatischen Gesteinen unerläßlich sind.

Es gibt Beispiele, in denen die Berechnung der Erdölvorräte in derartigen Gesteinen mehrmals korrigiert wurde, weil die Parameter des Speichergesteins fehlerhaft bestimmt worden waren. Gewöhnlich lagen die Vorräte zu niedrig (Tournai-Horizont der Artschedinsker Lagerstätte). Es ist daher unerläßlich, vollkommnere Verfahren zur Ermittlung der Produktivität und der Speichereigenschaft von karbonatischen Speichern auszuarbeiten.

Die Öl- und Gaslager sind sowohl an poröse als auch an kavernöse oder klüftige Kalke geknüpft. Während im ersten Fall die Erdölfiltration nach Gesetzen vor sich gehen muß, wie sie für terrigene Speicher gelten, wird man für klüftige und kavernöse Kalke wahrscheinlich Abweichungen von diesen Gesetzen feststellen.

Die Ölgewinnung aus porösen Kalken kann man mit den herkömmlichen Methoden projektieren. Für die Gewinnung aus klüftigen und kavernösen Kalken ist die Erarbeitung regionaler Methoden erforderlich.

2. Gewinnung aus Erdöllagern mit Gaskappen

Ihre Gewinnung ist ein komplizierter Prozeß. Als rationell erachten A. W. AFANASJEWA & L. A. SINOWJEWA (1957) die Förderung unter Aufrechterhaltung der Öl-Gas-Grenze. Das kann auf zweierlei Art erreicht werden. Entweder drückt man Wasser in die Entnahmezone und erhält den Anfangsdruck in ihr, oder man stellt gleichen Lagerstättendruck in der Entnahmezone und in der Gaskappe her, indem man aus letzterer Gas abläßt. Die zweite Variante hat sich als rationeller erwiesen und wird bei der Produktion aus der Korobkowsker Lagerstätte angewendet.

Beide Varianten verhindern ein Eindringen von Öl in die trockenen Sande der Gaskappe und dadurch ein Ausbreiten der Gaskappe, was zum unerwünschten Eindringen von Gas in die Fördersonden führen kann.

Die Erhaltung des Gas-Öl-Kontaktes in seiner ursprünglichen Lage hat jedoch auch negative Seiten. Bei der Lagerstätte Korobkowsk nimmt z. B. die Gaskappe des Lagers eine große Fläche ein. Die unter dem Gas liegende Zone umfaßt 26% der produktiven Schicht. In ihr sind große Erdölvorräte konzentriert. Trotzdem wurden innerhalb ihrer Grenzen im ersten Förderstadium keine Bohrungen vorgesehen (s. Abb.). Eine dritte, im Bereich der Gaskappe liegende Sondenreihe soll nach dem Projekt erst gebohrt werden, nachdem die erste Reihe wegen Verwässerung die Produktion eingestellt hat. Der Ölabgabekoeffizient kann für die unmittelbar unter dem Gas liegenden Zonen mit 0,4 und für die Öl bzw. Öl und Wasser führenden Zonen mit 0,7 angenommen werden. Das starke Absinken des Ölabgabekoeffizienten erklärt sich dadurch, daß das Öl in der unter dem Gas liegenden Zone mit gelöstem Gas zusammen austreten muß.

Die Ausbeutung dieses Lagers unter Beibehaltung einer konstanten Gas-Öl-Grenze führt zur fast vollständigen Gewinnung der Ölvorräte unter der Gaskappe.

Der besprochene Horizont zeigt im Korobkowsker Raum einen komplizierten Aufbau. Deshalb entnimmt die Fördersondenreihe entlang der äußeren Gas-Öl-Grenze nur einen unwesentlichen Teil der unter der Gaskuppe liegenden Vorräte.

Die Produktion aus Gas-Öl-Lagern mit feststehender Gas-Öl-Grenze verlangt eine effektive und zuverlässige Kontrolle. In dieser Hinsicht sind die herkömmlichen Methoden durch radioaktive Bohrlochmessungen noch unvollkommen und bei Wechsellagerung toniger und sandiger Schichten wenig aussagekräftig. Zur Beschleunigung der Öl- und Gasentnahme und zur Erhöhung des Ölabgabekoeffizienten der unter dem Gas liegenden Zone dieses Horizontes auf etwa 0,7 (das entspricht etwa der zusätzlichen Gewinnung von 5 Mill. t) ist bei der Gewinnung im Gaskappenbereich eine Trennung des gasführenden vom übrigen produktiven Teil der Schicht durch Einbringen von Wasser möglich.

Erfahrungen über das Fluten von Öllagern im Topp der Schichten liegen sowohl in der Sowjetunion (Lagerstätte Kalinowsk-Stepanowsk im Gebiet Kuibyschew,

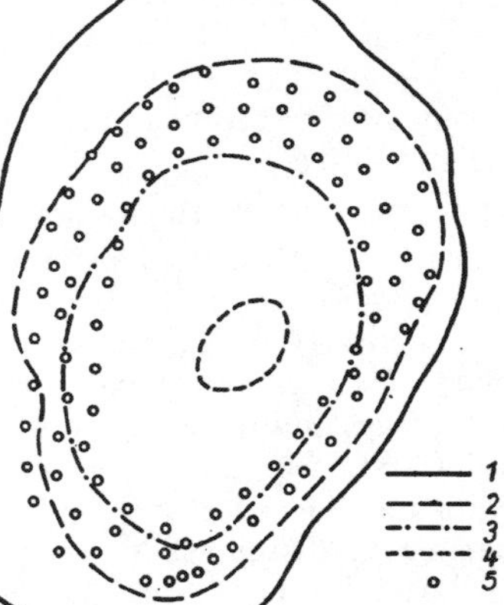

Karte der Erdöllagerstätte Korobkowsk

Grenzen der Ölführung: 1 — äußere, 2 — innere, Grenzen der Gasführung: 3 — äußere, 4 — innere, 5 — Produktionssonden

Lagerstätte Binagadinsk in der Aserbaidshanischen SSR u. a.) als auch in den USA (Lagerstätten von Aden, Westnorfolk u. a.) vor. In allen Fällen wurden positive Resultate erzielt. Es gelang, zwischen Gaskappe und ölführendem Teil des Speichers eine Wasserbarriere zu errichten.

Der Wolgograder Volkswirtschaftsrat beabsichtigt jedoch, vor Einbringen von Wasser in den Topp des zur Besprechung stehenden Horizonts der Lagerstätte Korobkowsk auf einer Lagerstätte mit ähnlicher Charakteristik, aber verhältnismäßig geringen Vorräten Versuchsarbeiten durchzuführen, um schneller zu Ergebnissen zu kommen.

Das Wolgograder Forschungsinstitut für Erdöl und Gas (SNIING) schlug vor, die Trennung der Gaskappe vom Öllager in der Schicht B_1 des Tulsker Horizontes der Lagerstätte Bachmetjewsk vorzunehmen. Dieses

Lager mit verhältnismäßig großer Gaskappe wurde unter Erhaltung des Lagerstättendrucks durch Fluten von außerhalb der Konturen ausgebeutet. Gewonnen wurden 25% der absoluten bzw. 38% der industriellen Vorräte. Ungeachtet der Wasserzufuhr ging der Druck in der Entnahmezone und in der Gaskappe um ca. 10 atü zurück. Da die in die Schicht eingepumte Wassermenge 1,42mal so groß war wie die entnommene Flüssigkeitsmenge unter Schichtverhältnissen, erklärt sich die Verringerung des Lagerstättendrucks durch Abfluß in Zonen außerhalb der Kontur und durch Entweichen in andere Schichten. Das wurde durch radioaktive Isotope in einzelnen Einpreßsonden bestätigt. Die Erhöhung der Gasfaktoren in der Sondenreihe nahe der Gas-Öl-Grenze zeugt von einer Ausdehnung der Gaskappe. Nach den Angaben des SNIING hat sich der Gas-Öl-Kontakt seit Beginn der Produktionsarbeiten um 1,5—2,0 m gesenkt.

Im Wolgograder Institut wurde ein Projekt für die Erdölförderung aus der Schicht B_1 der Lagerstätte Bachmetjewsk erarbeitet, welches das Fluten durch fünf auf der inneren Gas-Öl-Grenze gelegene Sonden vorsieht. Seine Verwirklichung wird die forcierte Entnahme der industriellen Vorräte möglich machen, den Ölabgabekoeffizienten erhöhen und die Frage der schnelleren Gewinnung aus großen Lagern (vom Korobkowsker Typ) klären.

3. Projektierung der Förderung aus mehrschichtigen Öl- und Gaslagerstätten

Bekanntlich wird z. Z. die Ölgewinnung aus getrennten Lagern auch dann projektiert, wenn sie als Teil eines mehrschichtigen oder, richtiger gesagt, mehrlagerigen Erdölfeldes auftreten. (Bei der Produktion aus Gaslagerstätten werden allerdings keine ähnlichen Methoden angewendet.) Hier wurden Projekte für die Gewinnung aus komplexen Lagerstätten geschaffen. Nach derartigen Projekten wird im Wolgograder Gebiet aus den Lagerstätten Werchowsk, Saischinsk und Artschedinsk gefördert. Eine Patentlösung für diese bei der Ausbeutung von Erdöllagerstätten auftretenden Probleme gibt es nicht. Deshalb ist es kein Zufall, daß z. B. für die Lagerstätte Bachmetjewsk bereits sechs Projekte für die Gewinnung aus einzelnen Lagern aufgestellt wurden, denen wahrscheinlich noch drei weitere folgen werden. Im Förderprojekt wird für jedes einzelne Lager das rationellste System der Entnahme der Erdölvorräte einschließlich Lage der Sonden, Entnahmegeschwindigkeit usw. berücksichtigt.

Indessen erweist sich die „rationelle" Gewinnung aus einzelnen Lagern manchmal als unrationell für die gesamte Lagerstätte.

Die Mängel eines solchen Gewinnungssystems, besonders bei Öllagern mittlerer und geringer Ausdehnung, bestehen erstens darin, daß für jedes Lager eine geringe Entnahmegeschwindigkeit projektiert wird (3—10% der industriellen Vorräte pro Jahr). Zweitens müssen fast alle projektierten Sonden für jedes Lager speziell gebohrt werden. Nur selten eignen sich bereits niedergebrachte Sonden. Drittens sieht die Projektierungsmethode die Schließung der Sonden bei 50%iger Verwässerung vor, ohne eine weitere Nutzung des restlichen Lagerstätteninhalts.

Auf diese Art wächst die Gesamtzahl der Fördersonden auf der Lagerstätte bei vergleichsweise geringer Dichte auf jedem einzelnen Horizont.

Eine ordnungsgemäße Förderung aus den Erdöllagerstätten beginnt vor allem mit der Projektierung für die Gesamtlagerstätte. Hierbei soll nach Möglichkeit folgendes erreicht werden:

a) Aussonderung des Basishorizontes und der höheren Horizonte nach den physiko-geologischen Eigenschaften der Speicher und der Flüchtigkeiten. Vereinigung derartiger Horizonte zu Gewinnungsetagen.

b) Gemeinsame oder getrennte gleichzeitige Ausbeutung von zwei oder mehr Horizonten mit einem Sondennetz.

c) Möglichst starke Verdichtung des Sondennetzes für den Basishorizont. Ein Teil der Sonden soll dann später aus höheren Horizonten fördern, während die anderen zur völligen Gewinnung der Vorräte im Basislager dienen.

d) Beschleunigte Entnahme der wesentlichen Vorräte des Basishorizontes sowie der weiteren Horizonte, was durch eine relativ dichte Anordnung der Sonden ermöglicht wird.

e) Erzielung eines höheren Nutzungskoeffizienten der geologischen Vorräte durch eine starke Verdichtung des Sondennetzes.

Vorläufige Berechnungen zeigen, daß die Zahl der Gesamtbohrmeter, die für eine beschleunigte Ausbeutung der gesamten Lagerstätte notwendig sind, niedriger ist als die Summe der Bohrmeter für die einzelnen Horizonte.

4. Projektierungsmöglichkeiten für Produktionsperioden, in denen Erdöl und Wasser gemeinsam gefördert werden

Eine Methode dieser Art gibt es noch nicht. Indessen zeigt die Erfahrung beim Abbau einiger Lagerstätten (z. B. Tschachnagljarsk in der SSR Aserbaidshan), daß in einer solchen Periode eine bedeutende Ölmenge gewonnen wurde. Die landläufige Regel, nach der man die Förderung aus Sonden mit 50%iger Verwässerung abbricht, ist unbedingt zu überprüfen. In lithologisch uneinheitlichen Schichten kann eine solche Methode zum Verlust einer bedeutenden Ölmenge führen. So wurden auf der Lagerstätte Tschachnagljarsk nach der 50%igen Verwässerung der Sonden noch 25% der geologischen Vorräte in forcierter Entnahme gefördert.

Von der richtigen Projektierung dieses Gewinnungsstadiums hängt die rechtzeitige Klärung der Fragen der Entnahme verwässerten Erdöls, des Baues von Anlagen zur Desemulgierung, des Transportes, der Sondenkonstruktion und der Art ihrer Nutzung ab.

Schlußbetrachtungen

In der Projektierungsmethode des Aufschlusses und des Abbaus von Erdöllagerstätten gibt es gegenwärtig folgende noch ungeklärte Probleme, auf die die konzentrierte Aufmerksamkeit der wissenschaftlichen Forschungsorgane gelenkt werden muß:

1. Prinzipien und Projektierungsmethodik der Ausbeutung von Gas- und Öllagerstätten in klüftigen und kavernösen Karbonatspeichern.

2. Förderung aus Erdöllagern, die unter bedeutenden Gaskappen liegen.
3. Prinzipien und Projektierungsmethodik der Förderung aus mehrschichtigen Lagerstätten.
4. Projektierungsmethodik der Produktion aus Öllagerstätten für die Periode gemeinsamer Erdöl-Wasser-Förderung.

Zusammenfassung

Die Verf. erörtern einige gegenwärtig noch ungeklärte Probleme der Projektierung des Aufschlusses und des Abbaus von Erdöl- und Erdgaslagerstätten. Es werden nacheinander geschildert: der Abbau von Erdöl- und Erdgaslagern aus klüftigen und kavernösen Karbonatgesteinen, die Gewinnung aus Erdöllagerstätten mit Gaskappe, die Förderung aus mehrschichtigen Erdöl- und Gaslagerstätten und die Projektierung der Förderung in der Periode, in der Erdöl zusammen mit Wasser gefördert wird.

Резюме

Авторы обсуждают некоторые до сих пор еще невыясненные проблемы проектирования вскрытия и эксплоатации нефтяных и газовых месторождений. Последовательно описываются: эксплоатация залежей нефти и газа из трещиноватых и кавернозных карбонатных пород, разработка нефтяных месторождений с газовой шапкой, эксплоатация из многопластовых нефтяных и газовых месторождений и проектирование эксплоатации в периоде, в котором добывается нефть вместе с водой.

Summary

Some problems of planning exposure and working of petroleum and natural gas deposits still unsolved at present are discussed by the authors. One by one, the description deals with the working of petroleum and natural gas deposits from jointed and cavernous carbonatic rocks, exploitation of petroleum deposits with gas caps, production from multilayered petroleum and gas deposits, and production planning in the period of common extraction of petroleum and water.

Literatur

AFANASJEWA, A. W. & L. A. SIDOWJEWA: Gewinnung aus Gaslagerstätten bei gleichzeitiger Entnahme aus der Gaskappe. – Neftjanoje chosjaistwo, H. 10, Moskau 1957.

Über das Bitumen eines albanischen Asphaltgesteins [1]

GUIDO FRIESE & ALFRED PALMBERG, Berlin

(Mitteilung aus dem Zentralen Geologischen Institut, Berlin)

Im Rahmen von Untersuchungen über Bitumina hatten deren Spurenelemente die besondere Aufmerksamkeit auf sich gezogen. Für die nachstehend umrissenen Arbeiten diente als Untersuchungsobjekt ein Asphaltgestein aus Südalbanien. Die erschöpfende Extraktion dieses Materials mit einem Benzol-Alkohol-1:1-Gemisch bei dessen Siedetemperatur erbrachte die in Tab. 1 dargestellte Ausbeute und Zusammensetzung.

Tab. 1

Lösliches Bitumen		4,1%
darin	C	72,5%
	H	7,1%

Nach der Entbituminierung und Behandlung mit Salzsäure wurde der Gesamtkohlenstoff des organischen Anteils des Extraktionsrückstandes bestimmt und die Extraktion der Huminsäuren vorgenommen. Zunächst wurden mit 0,5%iger Natronlauge die Huminsäuren I und anschließend mit 5%iger Natronlauge die Huminsäuren II herausgelöst und von beiden Fraktionen der Kohlenstoffgehalt bestimmt. Die Huminsäuren I und II wie auch die alkohollöslichen Hymatomelansäuren wurden nicht näher untersucht. Tab. 2 gibt den Kohlenstoffgehalt an, wobei der Huminsäurenkohlenstoff auf den ursprünglichen Extraktionsrückstand umgerechnet wurde.

Die Bestimmung der Spurenelemente erfolgte mittels spektrochemischer Analyse der Bitumenasche mit dem

Tab. 2

Ursprünglicher Extraktionsrückstand		C	34,6%
darin	Huminsäuren I	C	0,2%
	Huminsäuren II	C	2,2%

[1]) Eingang des Manuskripts in der Redaktion: 30. 8. 1962

Quarzspektrographen Q 24 und durch Röntgenfluoreszenzanalyse direkt am Bitumen (OTTEMANN & FRIESE 1962). Das Ergebnis (% Metall im löslichen Bitumen) zeigt Tab. 3.

Tab. 3

Elemente %	Spektrochemische Analyse	Röntgenspektrometrische Analyse
V	0,3	0,274
Ni	0,02	0,018
Cu	0,05	0,055
Zn	0,1	0,085
Pb	0,02	0,030

Für die Gruppenaufgliederung des löslichen Bitumens kam die Elutionsanalyse in Frage. An einer Aluminiumoxydsäule konnte der Vanadin-Porphyrin-Komplex nach der Petroläther- und Benzolfraktion mit Azeton eluiert werden. Der Anteil der Azetonfraktion am löslichen Bitumen betrug 9,1%, entsprechend 0,37% Vanadin-Porphyrin im Asphaltgestein. Die Identifizierung erfolgte durch spektrometrische Aufnahme der Extinktion als Funktion der zugehörigen Wellenlängen und graphische Darstellung im log ε-λ-Diagramm. Diese Darstellung des Absorptionsspektrums zeigte ausgeprägte Maxima bei 572 und 532 mμ, die für Desoxophyllerythroätioporphyrin-V-Salz bzw. Desoxophyllerythrin-V-Salz charakteristisch sind.

Literatur

OTTEMANN, J. & G. FRIESE: Röntgenfluoreszenzanalytische Bestimmung des Metallgehaltes in organischen Mineralstoffen. – Geochim. et Cosmochim. Acta 26 (1962), S. 599–606.

Geoelektrische und erdmagnetische Untersuchungen südwestlich Geyer (Erzg.)[1]

EBERHARD CHRISTOPH, Leipzig

(Mitteilung aus dem VEB Geophysik, Leipzig)

1. Einleitung

Im Zusammenhang mit den 1948 südwestlich Geyer durchgeführten erdmagnetischen Messungen (SIEMENS 1949) wurden zur Klärung der im Bereich des „Alten Flügels" festgestellten positiven erdmagnetischen Anomalien 1949 drei Schrägbohrungen niedergebracht. Das durch diese Bohrungen bekannt gewordene geringmächtige lagerartige Pyritvorkommen gab Veranlassung, die von NOSSKE & RÖTHIG (1959) entwickelte Apparatur zur Messung der induzierten Polarisation (NOSSKE 1959) am „Alten Flügel" zu erproben. Im Rahmen dieser methodischen Versuche ergab sich die Notwendigkeit, andere geoelektrische Meßmethoden (Eigenpotential-, Widerstands- und Slingrammessungen) vergleichsweise einzusetzen. Das Ergebnis einer mit dem betriebseigenen Bohrgerät des VEB Geophysik in einem deutlichen Maximum für die induzierte Polarisation zur Klärung dieser Indikation angesetzten Saigerbohrung und die ausgeführten geophysikalischen Messungen machten es erforderlich, für die genauere Kenntnis der geologischen Situation und für die geologische Interpretation der geophysikalischen Meßergebnisse ergänzend elektromagnetische (Turam) und erdmagnetische Messungen vorzunehmen.

Diese wurden in den Monaten Juli und August von einem Meßtrupp des VEB Geophysik unter Leitung von Dipl.-Geophys. FRÖHLICH durchgeführt.

2. Geologische Situation

Das Untersuchungsgebiet liegt innerhalb des von NE nach SW streichenden Glimmerschieferzuges, der sich von Elterlein bis in die Gegend von Augustusburg den westerzgebirgischen Gneisen im NW anschmiegt. Im NW schließen sich Phyllite mit Quarzitschieferlinsen an. Im Gebiet Geyer—Ehrenfriedersdorf werden die Glimmerschiefer und Gneise, die in mehreren Modifikationen auftreten und denen Amphibolite in Gestalt kleiner linsenförmiger Körper eingeschaltet sind, mehrfach von Graniten durchsetzt. Die den Granit nordwestlich Geyer umgebende Kontaktzone reicht im SW nahe an das Meßgebiet heran. Die Umgebung der Granite von Geyer—Ehrenfriedersdorf wird von Gängen der Zinn-, Silber- und der jüngeren Eisen-Manganerz-Formation durchzogen, die seit dem 14. Jahrhundert Gegenstand bergmännischer Gewinnung sind. Hier interessieren vor allem die Erze der Eisenerzformation, insbesondere die auftretenden Pyritlager. Diese sind oft an ehemalige Kalkeinlagerungen im Glimmerschiefer geknüpft, aus denen unter pneumatolytischer Zufuhr von Si, Al und Fe Skarne hervorgingen, die neben Salit und Granat vor allem Magnetit führen. Häufig erfolgte nachträglich eine Anreicherung von sulfidischen Erzen und eine Umwandlung der Skarne in Epidotgesteine und Strahlsteinfelse (PIETZSCH 1956). Diese Einlagerungen weisen sowohl südlich als auch südwestlich Geyer NE—SW-Streichen auf. Das nordwestliche Einfallen beträgt im Durchschnitt 33^g (REH 1952).

Ein bekanntes lagerartiges Pyritvorkommen befindet sich wenig westlich des Silbergebirges und wurde ehemals in der Kiesgrube vom „Dreikinder"- und „Hochmuth"-Schacht (MANN 1947) bebaut. Dieses Lager streicht ebenfalls NE—SW und fällt mit 50^g nach NW ein. Neben kompaktem Schwefelkies traten brauner Granat, Strahlstein, Magnetkies, Magneteisenstein, Zinnerz und eingesprengt Bleiglanz, Blende und Kupferkies auf (MÜLLER 1959). Hier werden sowohl im Hangenden als auch im Liegenden das Kieslager begleitende Einzellager von geringer Mächtigkeit beschrieben (SCHALCH 1900). Die zwischengeschalteten Glimmerschieferpartien sind in diesen Bereichen außerordentlich stark mit Kiesen imprägniert (MÜLLER 1959).

In der südwestlichen Verlängerung des in der Grube „Hochmuth" abgebauten Pyritlagers, das als streichende Fortsetzung des im „Dreikinder"-Schacht angetroffenen und bebauten Lagers aufgefaßt wird (SCHALCH 1900), wurde in der am NE-Rand des Meßgebietes gelegenen alten „Fundgrube Neues Glück" im 19. Jahrhundert Brauneisenstein gewonnen.

Das NE—SW streichende Lager besteht nach Angaben der alten Unterlagen der Bergbehörden (Akten ab 1800) aus etwa 1 m mächtigem Brauneisenstein und fällt mit 55^g nach NW ein. Das Nebengestein ist von braunem Eisenocker durchdrungen. Nach MANN (1947) handelt es sich bei diesem dort abgebauten Brauneisenstein offenbar um den Eisernen Hut einer Kieslagerstätte, zumal in dem Brauneisenerz nicht selten Pyrit in Knollen auftritt. Die Abbaustrecken dieses alten Grubenbaues liegen in sehr geringer Teufe und verlaufen wenig nördlich und etwa parallel eines in NE—SW-Richtung angeordneten Pingenzuges, der offensichtlich mit dem Ausstrich des obenerwähnten Lagers identisch ist.

Während sich die Pingen, deren Anlage offenbar auf einen primitiven Bergbau des 15. Jahrhunderts zurückgeht (Unterlagen darüber existieren nicht mehr), bis in das Gebiet westlich des „Alten Flügels" fortsetzen, endet der Untertagebau der „Fundgrube Neues Glück" etwa 280 m östlich des „Alten Flügels", da nach den alten Aufzeichnungen das Lager nach SW an Mächtigkeit verlor und von Quarz durchsetzt gewesen sein soll. Es wurde jedoch damals auf Grund der weiter im SW angelegten Pingen vermutet, daß mit der Abbaugrenze das Ende des Lagers noch nicht erreicht ist.

3. Geoelektrische Versuchsmessungen 1959

Die unter Punkt 1 bereits erwähnten und vergleichsweise zu den IP-Messungen durchgeführten geoelektrischen Untersuchungen ergaben im Bereich des NE—SW gerichteten Pingenzuges und am „Alten Flügel" mehrere

[1]) Eingang des Manuskripts in der Redaktion: 30. 7. 1962

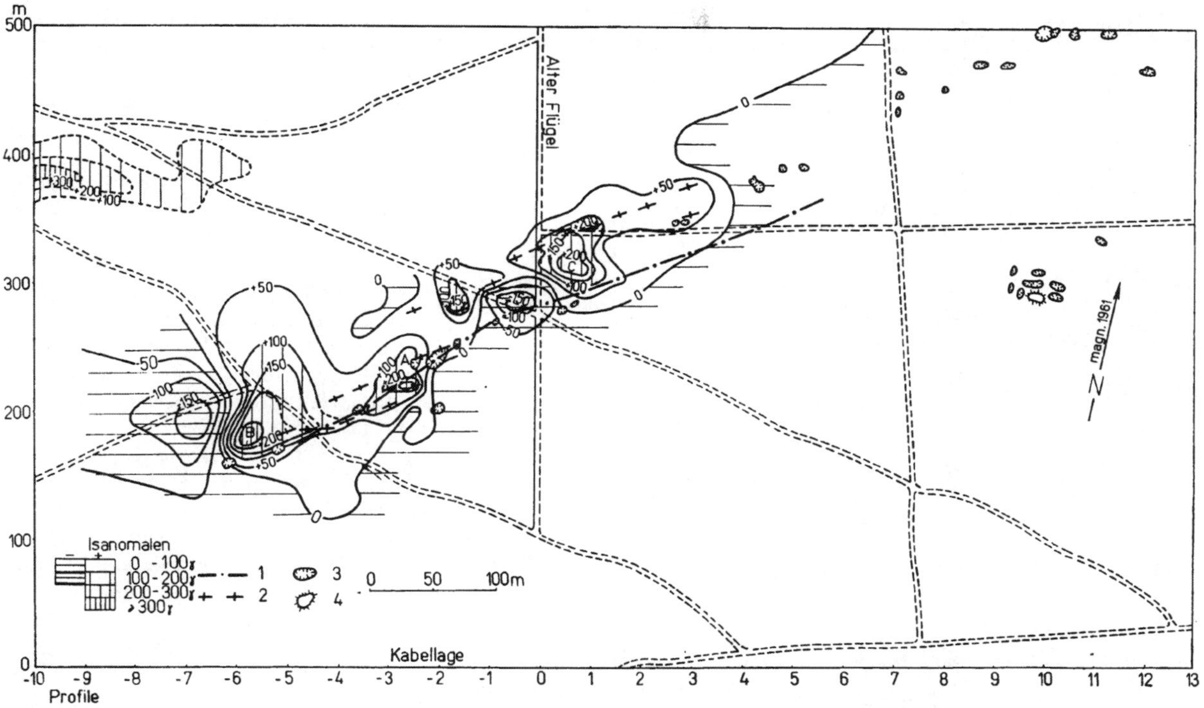

Abb. 1. Erdmagnetische Spezialmessung △ Z im Gebiet des „Alten Flügels"

1 — Achse des Eigenpotentialminimums, 2 — positive erdmagnetische Kammlinien, 3 — Pingen, 4 — Halde

Indikationen. Etwa dem Verlauf des Pingenzuges folgend wurde ein ausgeprägtes Eigenpotentialminimum mit Extremwerten am „Alten Flügel" von —375 mV festgestellt. Wenig nördlich davon befinden sich die mit den Wirkungstiefen a = 20 m und a = 40 m ermittelten Maxima für die induzierte Polarisation (Abb. 4) mit Extremwerten von 59 bzw. 56 mV/V.

Im gleichen Bereich tritt in der Imaginärkomponente der Slingrammessungen, die mit unterschiedlich empfindlichen Meßapparaturen und Frequenzen von 880, 1760 und 3520 Hz (Rahmenabstände 40 m und 60 m) durchgeführt wurden, ein deutliches Minimum (bis — 7,2%) auf (Christoph 1962, Nosske 1959). Der Verlauf der IP-Kurven (Abb. 3, Mitte) zeigt mit zunehmender Wirkungstiefe eine Verbreiterung der Indikation in nordwestlicher Richtung. Diese Tatsache sowie die nordwestliche Verschiebung der IP-Maxima gegenüber dem Eigenpotential- und Widerstandsminimum (Widerstandsmessungen nach Wenner, Wirkungstiefe a = 10 m), die in ihrer Lage fast völlig übereinstimmen, ließen auf eine nach NW einfallende gut leitende Einlagerung schließen, deren Ausstrich in den Bereich des Eigenpotential- und Widerstandsminimums (Pingen) fällt.

Die Saigerbohrung C 2, die zur Klärung der Ursache der IP- und Slingramindikationen angesetzt wurde, traf bei rund 17 m einen massiven unreinen Pyrit an, der mit dem in der Schrägbohrung C 1 durchbohrten lagerartigen Pyrithorizont identisch sein dürfte.

Während das Minimum in der Imaginärkomponente der Slingrammessungen in der Hauptsache vermutlich auf die Wirkung des Pyritlagers zurückgeht, trägt die im Liegenden des Lagers angetroffene und etwa 11 m mächtige, mit Magnetkies und Pyrit imprägnierte Zone wesentlich zu den ausgeprägten IP-Maxima bei.

Einzelheiten über diese geoelektrischen Versuchsmessungen können den im Literaturverzeichnis angeführten Arbeiten (Christoph 1962, Nosske 1959) entnommen werden.

4. Die Meßergebnisse erdmagnetischer und geoelektrischer Untersuchungen 1961 und ihre geologischen Aussagen

Aufgabenstellung

Die erdmagnetischen Messungen im Gebiet des „Alten Flügels" sollten in Ergänzung zu den bisherigen geophysikalischen Untersuchungen zur Klärung der Untergrundverhältnisse des von Siemens (1949) festgestellten und NE—SW verlaufenden Anomalienzuges mit den Teilmaxima A, B und C beitragen. Besondere Berücksichtigung sollten diejenigen Teile finden, in denen damals höhere magnetische Störwerte und größere Gradienten ermittelt wurden.

Die Aufgabe der im selben Gebiet gleichzeitig ausgeführten Turammessungen bestand in der Hauptsache darin, ein zusammenhängendes Bild der Phasendifferenzen auf einer größeren Fläche zu erhalten, die die Orte der früher gemessenen erdmagnetischen Anomalien und die auf Einzelprofilen festgestellten geoelektrischen Indikationen einschließt. Darüber hinaus interessierte die Möglichkeit der Lokalisierung tektonischer Störungen.

Erdmagnetik (Abb. 1)

Das Isanomalenbild läßt im Bereich des „Alten Flügels" einen NE—SW verlaufenden positiven erdmagnetischen Anomalienzug mit drei markanten Teilmaxima (A, B und C) erkennen, der im NE, SE und SW von einer Minimalzone mit Störwerten zwischen 0 und —100 γ abgeschnitten wird.

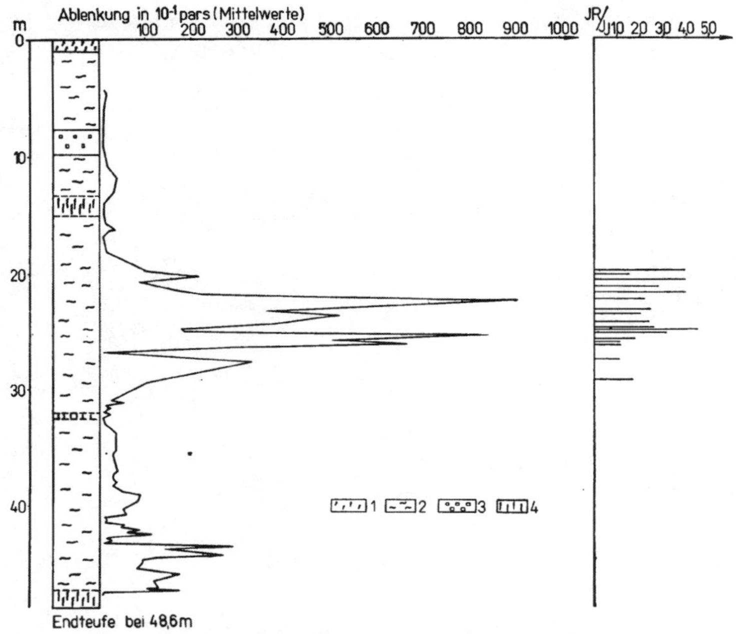

Abb. 2. Magnetisierbarkeit des Kernmaterials der Saigerbohrung C 2

1 — verwitterter Glimmerschiefer, 2 — Glimmerschiefer, 3 — zellig-löchrige Braun- und Roteisenbildungen, 4 — Störungszonen

In Übereinstimmung mit früheren Arbeiten (SIEMENS 1949) zeigt die Anomalie B, die im Westen von einem markanten Minimum begleitet wird, eine NNE—SSW-Erstreckung. Die extremen Störwerte (+ 395 γ) liegen im Südteil der Anomalie. Bemerkenswert ist der im südlichen Teil der Anomalie festgestellte und nach ENE gerichtete Ausläufer, der zur Anomalie A überleitet.

Die Anomalie A folgt im großen und ganzen der Richtung des angelegten Pingenzuges. Ihr Maximum befindet sich am NE-Rand einer größeren Pinge.

Die Anomalie C läßt entgegen der damaligen weitmaschigeren erdmagnetischen Messung (SIEMENS 1949) im Kernbereich einen E—W-Verlauf erkennen und fügt sich somit der allgemein vorherrschenden NE—SW-Richtung nicht mehr ein. Von besonderer Bedeutung für die Ursache der Anomalie ist einmal die Tatsache, daß nördlich des geschlossenen Anomalienkernes (+ 224 γ) Störwerte zwischen + 100 γ und + 250 γ gemessen wurden, die in Verbindung mit den in diesem Bereich auf benachbarten Profilen festgestellten höheren Störwerten eine NE—SW gerichtete positive magnetische Kammlinie erkennen lassen. Diese kann sowohl nach SW bis in das Gebiet der Anomalie A — hier allerdings mehrere Male versetzt — als auch nach NE bis in den Bereich der 0-γ-Isanomale verfolgt werden. Andererseits wurde südwestlich der Anomalie C ein ausgeprägtes Minimum mit einem Extremwert von —166 γ ermittelt.

Die an sich zur Klärung der geoelektrischen Indikationen niedergebrachte Saigerbohrung C 2 konnte durch ihre Lage zwischen dem positiven Extremum der Anomalie C und dem unmittelbar folgenden Minimum gleichzeitig einen wesentlichen Beitrag zur Deutung der Anomalie C leisten. Die bei 19 m angetroffene und etwa 11 m mächtige Zone, in der der Glimmerschiefer stark mit Magnetkies imprägniert ist und Suszeptibilitäten bis $2700 \cdot 10^{-6}$ sowie eine starke Remanenz (I_R/I_I bis 4,5) aufweist (Abb. 2), gehört offenbar einem Imprägnationskörper an, der mit seiner Remanenz die dipolartige Anomalie verursacht.

Auf Grund der im N des Extremums der Anomalie C festgestellten nordöstlichen Ausstülpung und der sich sowohl nach NE als auch nach SW anschließenden positiven erdmagnetischen Kammlinie kann unter Berücksichtigung der in der Schrägbohrung C 1 angetroffenen Andeutungen eines Skarnlagers angenommen werden, daß sein Ausstrich mit dem Verlauf der Kammlinie identisch ist. Vermutlich weist das Lager in Richtung seines Ausbisses, insbesondere im nördlichen Abschnitt der Anomalie C, stärkere Magnetitführung auf.

Die Anomalie C wird also offensichtlich einmal durch eine intensive Magnetkiesimprägnation und zum anderen im nördlichen Teil durch den Ausstrich eines magnetitführenden Skarnlagers hervorgerufen. Bringt man die im NE-Teil der Anomalie C festgestellte Felderhöhung mit dem Ausstrich der in der Schrägbohrung C 1 angedeuteten Skarnhorizonte in Verbindung, so ergibt sich ein Einfallen des Lagers von etwa $42-44^g$ (Abb. 3)[2].

Dieses Einfallen stimmt mit dem von REH (1952) angenommenen fast völlig überein. Verwendet man bei der

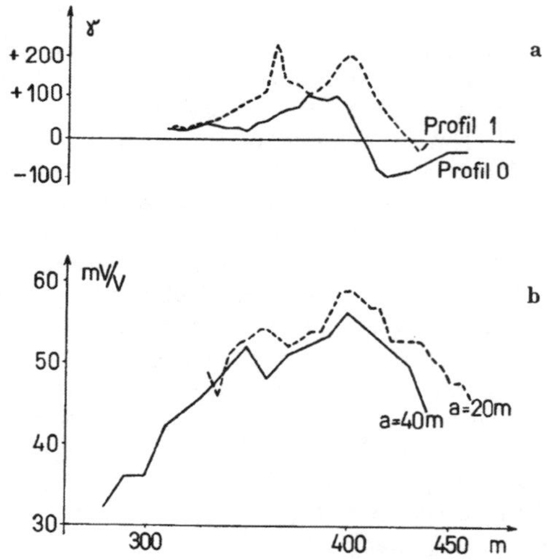

Abb. 3. Z- und IP-Verlauf mit konstruiertem geologischen Profil am „Alten Flügel"

(Meterangaben beziehen sich auf das Profil „Alter Flügel" der geoelektrischen Versuchsmessungen 1959. 300 m entsprechen etwa 407 m im Meßnetz, 400 m etwa 307 m usw.);

a — erdmagnetische Messungen; b — Messung der induzierten Polarisation
c: 1 — Erze des Eisernen Hutes, 2 — Magnetkies und Pyritimprägnation, 3 — lagerartiger Pyrithorizont, 4 — Eigenpotentialminimum

[2]) Die Verschiebung des dem Ausstrich des Skarnlagers zuzuordnenden ΔZ-Höchstwertes auf Profil + 1 hängt mit der Projektion dieser Meßwerte auf das Profil „Alter Flügel" zusammen.

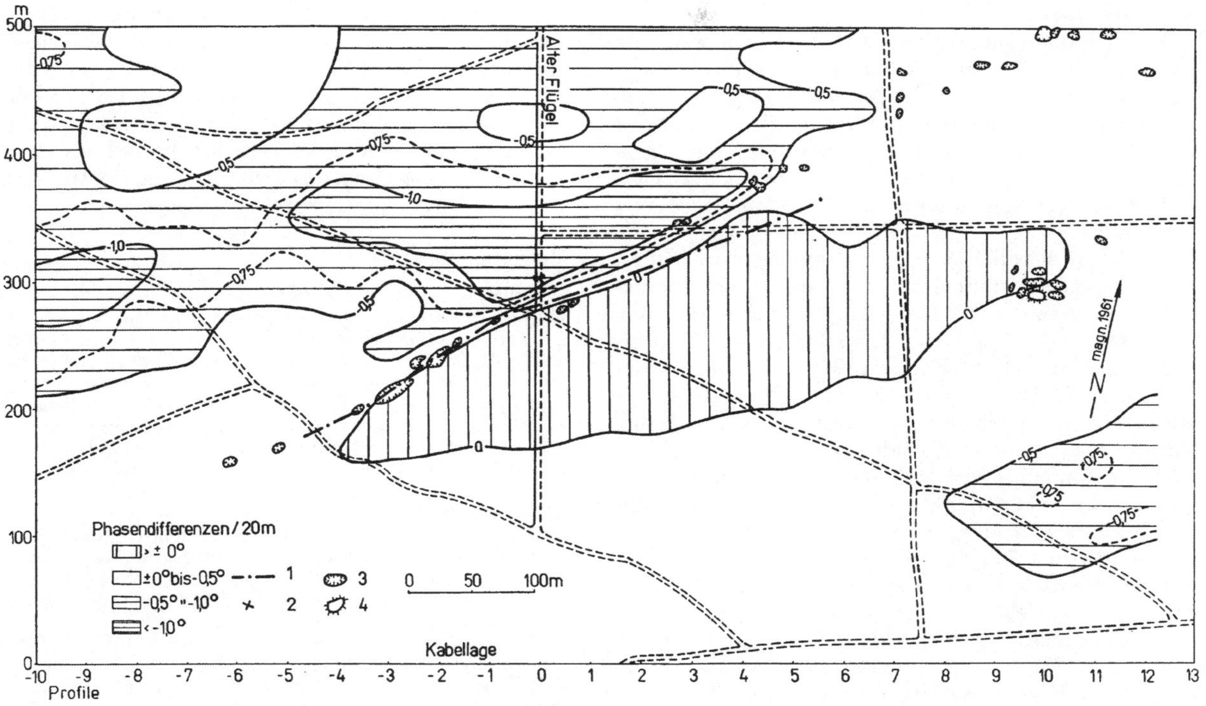

Abb. 4. Turammessungen (Phasendifferenzen) im Gebiet des „Alten Flügels"

1 — Achse des Eigenpotentialminimums; 2 — Maxima für die induzierte Polarisation, a = 20 m und a = 40 m; 3 — Pingen; 4 — Halde

Profilkonstruktion ein gleiches Einfallen für das Pyritlager (Reh 1952), so kommt sein Ausstrich etwa 10 bis 20 m nördlich des Pingenzuges zu liegen. Unter Berücksichtigung des Ergebnisses der Saigerbohrung C 2 und der Lage des Eigenpotentialminimums, das vermutlich teilweise auf die Wirkung des Eisernen Hutes zurückgeht (s. 4.3.), muß angenommen werden, daß das lagerartige Pyritvorkommen an mindestens einer tektonischen Störung geringfügig versetzt worden ist.

Der Verlauf der IP-Meßkurven (Wirkungstiefe a = 20 m und a = 40 m) läßt vermuten, daß die an der NW-Flanke mit beiden Wirkungstiefen gemessenen erhöhten Polarisationssuszeptibilitäten, die gegeneinander verschoben sind, auf unterschiedliche Wirkungen zurückgehen (Abb. 3). Während die hier mit a = 20 m gemessene IP-Indikation mit einer verstärkten Magnetitführung im ausstreichenden Teil des Skarnlagers zusammenhängen dürfte, hat die mit a = 40 m festgestellte IP-Indikation offenbar ihre Ursache in einer intensiven Pyritimprägnation in entsprechender Teufe oder in einem Anschwellen des Pyritlagers in diesem Bereich.

Die äußere Ähnlichkeit der Anomalie B mit ihrem begleitenden westlichen Minimum zur Anomalie C gibt Veranlassung, für ihre Ursache ähnliche Verhältnisse anzunehmen, wie sie bei der Anomalie C vorliegen. Die westliche Lage des Minimums zum positiven Extremum B könnte in Anbetracht dessen, daß bei den petrographischen Untersuchungen des Kernmaterials der Saigerbohrung C 2 Magnetkies und Pyrit vorzugsweise auf den Schieferungsflächen festgestellt wurden, mit einer sigmoidalen Verbiegung der Schieferungsflächen im Sinne einer Horizontalflexur in diesem Abschnitt erklärt werden.

Auf Grund des petrographischen und petromagnetischen Befundes von Lesesteinen aus den im Bereich der Anomalien A und B liegenden Pingen geht hervor, daß in diesem Abschnitt der Ausstrich eines magnetitführenden Skarnlagers liegen dürfte.

Der zur Anomalie A überleitende ostnordöstliche Fortsatz im Südteil des positiven Extremums B geht, wie durch die Kammlinie ebenfalls zum Ausdruck kommt, offenbar auf dieses Skarnlager zurück.

Zusammenfassend kann aus den Ergebnissen der erdmagnetischen Spezialvermessung gesagt werden, daß dem nach NW einfallenden Glimmerschiefer in mehreren Niveaus lagerartige magnetitführende Skarnhorizonte eingeschaltet sind, die wahrscheinlich nur gebietsweise stärkere Magnetitführung aufweisen und nur wenig horizontbeständig sind. Örtlich auftretende intensivere Magnetkiesimprägnationen verursachen die flächenmäßig größeren Anomalien.

Da die Pingen sowohl im magnetisch positiv gestörten Gebiet als auch im Bereich schwach negativer Störwerte liegen, kann in Verbindung mit den in den Akten der ehemaligen Bergbaubehörden Marienberg und Freiberg (Akten ab 1800) zum Ausdruck kommenden Vermutungen über die in den Pingen abgebauten Erze angenommen werden, daß die Magnetitskarne nur untergeordnet Gegenstand dieses primitiven Bergbaus waren. Offenbar wurde hier hauptsächlich, wie später in der „Fundgrube Neues Glück", Brauneisenerz abgebaut.

Gegenstand weiterer geophysikalischer Untersuchungen wird der erstmalig von Siemens (1949) erkannte und in Abb. 1 in seinem östlichen Ausläufer noch erkennbare positive Anomalienzug sein, der das Gebiet der „Oberen Kutten" durchzieht und über eine Entfernung von 1,5 km zu verfolgen ist.

Geoelektrik (Abb. 4)

Die Turammessungen, die zunächst von einer im Liegenden des Pyritlagers angeordneten Kabellage ausgingen, ergaben nördlich der Achse des Eigenpotentialminimums generell negative Phasendifferenzen. Im S schließt sich eine NE—SW verlaufende, bis 150 m breite Maximalzone an, der in südlicher Richtung ein Gebiet mit geringen negativen Phasendifferenzen vorgelagert ist.

Aus dem nördlich der Achse des Eigenpotentialminimums festgestellten Minimalgebiet (Phasendifferenzen/20 m von $-0{,}5°$ bis $-1{,}0°$) hebt sich im S eine etwa 50 m bis 60 m breite Minimalzone mit Phasendifferenzen $< -1{,}0°$ (Extremwert $-1{,}7°$) besonders ab. Sie verläuft im nordöstlichen Teil in NE—SW-Richtung, biegt dann wenig südwestlich der am „Alten Flügel" festgestellten IP-Indikationen in die E—W-Richtung um und findet in dem am Westrand des Meßgebietes erkennbaren und ENE verlaufenden Minimum offenbar ihre Fortsetzung.

Besonders auffällig ist die Tatsache, daß zwischen der beschriebenen Minimalzone im nördlichen Abschnitt des „Alten Flügels" und dem daran im S anschließenden Gebiet positiver Phasendifferenzen ($> \pm 0°$) die Achse des Eigenpotentialminimums verläuft. Dieses ausgeprägte Eigenpotentialminimum deutet auf Grund seiner fast symmetrischen Ausbildung darauf hin (CHRISTOPH 1962), daß es nicht als Ausdruck des flachen NW-Fallens des Pyritlagers aufgefaßt werden kann. Da die Scharung der Äquipotentiallinien zwischen positivem und negativem Pol einer leitfähigen Einlagerung zu erwarten ist und ein NW-Fallen des lagerartigen Pyrithorizontes innerhalb des Meßgebietes geologischerseits nachgewiesen ist, kann die unmittelbar südlich der Extremwerte auftretende Drängung der Äquipotentiallinien mit einer tektonischen Störung zusammenhängen, längs deren Hauptentwicklung die Potentiallinien im Bereich des Eisernen Hutes geführt werden.

Ein Zusammenhang des Störungsausstriches mit dem Widerstandsminimum ist denkbar. Die geringe, aber deutliche Verschiebung des letzteren gegenüber dem Eigenpotentialextremum nach SSE (CHRISTOPH 1962) spricht für ein steiles NW-Fallen der angenommenen Störung.

Auf Grund der in der Saigerbohrung C 2 festgestellten Imprägnation des Glimmerschiefers mit Magnetkies und Pyrit und der hier ermittelten geoelektrischen Indikationen muß angenommen werden, daß die Turamminimalzone von einer gegenüber dem umgebenden Gebiet stärkeren Imprägnation von Kiesen verursacht wird.

Das sich im S an die Achse des Eigenpotentialminimums anschließende Maximalgebiet ist offenbar Ausdruck eines nicht leitfähigen Glimmerschiefers. Dieser stellt unter der Voraussetzung, daß entsprechend dem Bild der Eigenpotentialmessung im Bereich der Achse des Eigenpotentialminimums eine streichende tektonische Störung anzunehmen ist, möglicherweise ein liegendes Paket des im Bereich der Saigerbohrung C 2 bis etwa 47 m mit Kiesen imprägnierten Glimmerschiefers dar.

Herzynisch streichende tektonische Störungen, wie sie auf Grund der früheren erdmagnetischen Messungen (SIEMENS 1949) zu vermuten waren, konnten durch die Turammessungen (auch anderer Kabellagen) nicht festgestellt werden. Die zweifellos im Meßgebiet vorhandenen tektonischen Störungen, die beispielsweise durch die Saigerbohrung nachgewiesen wurden, lassen in ihrer Ausbildung jene Voraussetzung vermissen (Wasserführung, stärkere tonige Zersetzung des Nebengesteins), die sie zu einer Reproduzierbarkeit im elektromagnetischen Bild befähigen würden.

Zusammenfassung

Anhand erdmagnetischer und elektromagnetischer (Turam-)Messungen wird unter Berücksichtigung der Ergebnisse umfangreicher geoelektrischer Versuchsmessungen und von Bohrungen ein Bild von den Untergrundverhältnissen im Bereich des „Alten Flügels" südwestlich Geyer (Erzg.) gegeben. Dem NE—SW streichenden und nach NW einfallenden Glimmerschiefer sind lagerartige Pyrithorizonte und magnetitführende Skarnhorizonte eingeschaltet, die im Bereich des Meßgebietes offenbar nahe der Oberfläche ausstreichen und sich in den geophysikalischen Meßergebnissen mehr oder weniger deutlich abbilden.

Darüber hinaus treten gebietsweise relativ intensive Imprägnationen von Pyrit und Magnetkies im Glimmerschiefer auf. Die festgestellten erdmagnetischen Anomalien gehen teils auf magnetitführende Skarne und zum Teil auf Magnetkiesimprägnationen zurück.

Die Messungen bei Geyer haben gezeigt, daß zum Nachweis relativ oberflächennaher Skarnlager vom Typ der westerzgebirgischen Vorkommen eine Kombination erdmagnetischer und geoelektrischer Messungen zu empfehlen ist, vor allem dann, wenn unter der Voraussetzung nicht allzu großer Teufe die Mineralkonzentrationen günstiger sind als in dem untersuchten Meßgebiet südwestlich Geyer.

Резюме

На основе геомагнитных и электромагнитных измерений (Турам), при учете результатов обширных геоэлектрических опытных измерений, а также бурения, дается картина условий фундамента в пределах „старого крыла" (альтер флюгель) юго-западнее Гейера в Рудных горах. В слюдяной сланец, простирающийся СВ—ЮЗ и падающий на СЗ, включены силлеобразные пиритовые горизонты и магнетитсодержащие скарновые горизонты, которые в пределах исследуемого района по-видимому выходят близповерхностно и проявляются более или менее ясно в геофизических результатах измерения.

Кроме того, в отдельных участках встречаются относительно интенсивные импреньяции пирита и пирротина в слюдяном сланце. Установленные геомагнитные аномалии обязаны своим происхождением частично магнетитсодержащим скарнам, частично импреньяциям пирротина.

Измерения около г. Гейер показали, что с целью обнаружения относительно близповерхностных скарновых залежей типа западно-рудогорских проявлений рекомендуется сочетание геомагнитных и геоэлектрических измерений, прежде всего в тех случаях, если в условиях не слишком большой глубины минеральные концентрации оказываются более благоприятными чем в исследуемом районе юго-западнее Гейера.

Summary

Based on geomagnetic and electromagnetic (Turam) measurements and considering results of extensive geoelectric test measurements and drillings, a description is given of subsoil conditions in the area „Alter Flügel" southwest of Geyer (Erzgebirge). The mica-schist striking in a N.E.—S.W. direction and dipping towards the N.W. is intercalated by deposit-like pyrite horizons and magnetite bearing skarn horizons. They obviously crop out near the surface in the area investigated, and are more or less clearly expressed by the geophysical measuring results.

Moreover, relatively intensive impregnations of pyrite and pyrrhotite take place in some areas of the mica-schist. The geomagnetic anomalies found are partly due to magnetite-bearing skarns, partly to impregnations of pyrrhotite.

The Geyer measurements have shown that a combined geomagnetic and geoelectric investigation must be recommended when demonstrating skarn deposits of the West-Erzgebirge type situated relatively near the surface, particularly when mineral concentrations, on condition that the depth is not too large, are more favourable than in the area investigated southwest of Geyer.

Literatur

CHRISTOPH, E.: Ergebnisbericht über geoelektrische und erdmagnetische Untersuchungen am „Alten Flügel" südwestlich Geyer. – Unveröff. Bericht, Archiv VEB Geophysik, Leipzig 1962.
MANN, O.: Bericht über die Untersuchung der Schwefelkieslagerstätte der ehemaligen Gewerkschaft Erasmus zu Geyer im Erzgebirge. – Unveröffentlichter Bericht, Berlin 1947.
MÜLLER, H.: Über die Erzlager im Glimmerschiefergebiet des oberen Erzgebirges. – Manuskript, Freiberg 1859.
NOSSKE, G.: Eine neue leichte Feldausrüstung für die induzierte Polarisation mit Gleichstromimpulsen. – Z. angew. Geol., 5, 11, (1959).
NOSSKE, G. & H. RÖTHIG: Verfahren zur geoelektrischen Bodenuntersuchung durch Messung der elektronischen Leitfähigkeit. – Deutsches Wirtschaftspatent Nr. 16628, Berlin 1959.
PIETZSCH, K.: Abriß der Geologie von Sachsen. – VEB Dtsch. Verlag der Wissenschaften, Berlin 1956.
REH, H.: Beiträge zur Kenntnis der erzgebirgischen Erzlager. – Diss., Freiberg 1930, N. Jb. Min., Abt. A, BB 65 (1932).
– Bericht zur geologischen Situation der Untersuchungsarbeiten auf Schwefelkies „Neues-Glück"-Fundgrube bei Geyer im Erzgebirge. – Unveröffentlichter Bericht, Jena 1952.
SCHALCH, F.: Erläuterungen zum geologischen Blatt Geyer, M. 1:25000. – Leipzig 1900.
SIEMENS, G.: Bericht über die erdmagnetische Vermessung bei Geyer (Erzgeb.). – Unveröffentlichter Bericht, Berlin 1949.
Akten der ehemaligen Bergbehörde Marienberg und Freiberg (etwa ab 1800) im Archiv der Bergbehörde in Freiberg.
1. Akte Eisenerzlager 142000, 142300 Mittleres Erzgebirge.
2. Akte Eisenerzlager 142000, 142302 Neuglück-Fundgrube am Graustein im Geyerschen Kommunwald.

Zur Klassifizierung von Karsterscheinungen für ingenieurgeologische Zwecke[1]

FRITZ REUTER, Berlin

(Mitteilung aus dem Zentralen Geologischen Institut, Berlin)

Einleitung

Auf der in der Zeit vom 3. bis 12. 5. 1962 durchgeführten RgW-Tagung der ingenieurgeologischen Arbeitsgruppe wurden u. a. auch einige Klassifikationen der Karsterscheinungen ausgearbeitet und den Mitgliedsländern des RgW zur Verwendung bei ingenieurgeologischen Arbeiten (speziell bei der ingenieurgeologischen Kartierung) empfohlen. An Unterlagen standen insbesondere Klassifikationsschemata aus der UdSSR für den gesamten Karstkomplex und aus der DDR für das Teilgebiet der Gips- und Salzauslaugung zur Verfügung. Während der Beratungen wurden wichtige Hinweise aller Mitgliedsländer des RgW aufgenommen, so daß mit den unten folgenden Klassifikationstabellen Arbeitsunterlagen vorliegen, die die Verhältnisse in allen teilnehmenden Ländern berücksichtigen.

Karstklassifikationen in der UdSSR

Von allen der Arbeitstagung vorgelegten Klassifikationsschemata sind die der Sowjetunion am besten durchgearbeitet und auch am umfassendsten. Nach mehreren Gesichtspunkten aufgestellt, sind sie für verschiedene Zwecke in der ingenieurgeologischen Kartierung anwendbar. So kennt man:

1. eine Klassifikation des Karstes nach der lithologischen Zusammensetzung der verkarstenden Gesteine;
2. eine Klassifikation des Karstes nach den Lagerungsverhältnissen der verkarstenden Gesteine;
3. eine Klassifikation der hauptsächlichen Karstformen (nach D. S. SOKOLOW);
4. die wichtigsten hydrologischen und hydrogeologischen Karsterscheinungen (nach D. S. SOKOLOW).

Zu 1. Das vorliegende Schema geht von der Tatsache aus, daß eine Verkarstung nur dort erfolgen kann, wo geeignete, d. h. also leicht lösliche, Gesteine vorhanden sind. Nach lithologischen Gesichtspunkten wird eine Unterteilung in vier Gruppen vorgenommen (Karbonat-, Sulfat- [Gips-], Salz- und Sulfatkarbonatkarst), da von der chemischen Zusammensetzung der Gesteine sowohl die Geschwindigkeit der Auflösung als auch in gewissem Maße die Karstformen abhängen. Beim Karbonatkarst werden vier Faziestypen unterschieden: Kalkstein-, Dolomit-, Kreidekarst und Karst, der sich in klastischen Gesteinen entwickelt, die ein karbonatisches Zement haben.

Zu 2. Diese Klassifikation geht davon aus, daß für die ingenieurgeologische Beurteilung eines Karstgebietes die Lage der verkarstenden Gesteine zur Erdoberfläche und zum Grundwasserspiegel von ausschlaggebender Bedeutung ist.

Zu 3. Karstformen sind immer an lösliche Gesteine gebunden. Es ist dabei gleich, ob die verkarstenden Gesteine direkt den Baugrund bilden oder ob sie sich im tieferen Untergrund befinden. Es lassen sich jedoch verschiedene Oberflächenformen beobachten, die eng an die Lagerungsverhältnisse gebunden sind. Die Karstformen bei verdecktem Karst lassen oft Konvergenzerscheinungen zu Suffosionserscheinungen erkennen, wie sie z. B. im Löß und anderen feinkörnigen Gesteinen auftreten. Sie wurden häufig auch als „Lößkarst", „Tonkarst", „Diluvialkarst" usw. bezeichnet, haben aber genetisch gesehen nichts mit dem Karst zu tun.

Karstklassifikationen in Deutschland

Eine allgemeingültige Ausarbeitung über Karstformen, die in der Ingenieurgeologie angewendet werden könnte, gibt es in der deutschen Literatur nicht. In der letzten Zeit ist von F. & R. REUTER (1962) eine Klassifikation vorgelegt worden, die die Formen der Salz- und Gipsauslaugung in der DDR enthält und als Grundlage für die ingenieurgeologische Kartierung Verwendung finden kann.

Die neuen Klassifikationen der Karsterscheinungen

1. Die wichtigsten Karsttypen

Entsprechend der lithologischen Zusammensetzung der verkarstenden Gesteine werden zunächst zwei Haupttypen unterschieden, durch die zum Ausdruck gebracht wird, daß der Lösungsprozeß in den einzelnen

[1]) Eingang des Manuskripts in der Redaktion: 2. 8. 1962

Tab. 1. Die wichtigsten Karsttypen (nach der lithologischen Zusammensetzung der verkarstenden Gesteine)

Karsttypen		
I. Karst in schwer löslichen Gesteinen	1. Karbonatkarst	a) Kalksteinkarst b) Dolomitkarst c) Kreidekarst d) klastische Gesteine mit karbonatischem Zement
	2. Sulfat-(Gips-)Karst	–
	3. Sulfatkarbonatkarst	–
II. Karst in leicht löslichen Gesteinen	4. Salzkarst (dtsch. Salzauslaugung)	

Gesteinen verschieden schnell verläuft. Die Lösung in karbonatischen und sulfatischen Gesteinen schafft vorwiegend Kavernen und Höhlen, die zu örtlichen Einbrüchen oder an der Oberfläche zu Senkungen führen, die den unterirdischen Formen entsprechen. Die flächenmäßige Auflösung schreitet nur äußerst langsam voran. Bei den Salzgesteinen kann man sehr große Lösungsgeschwindigkeiten feststellen, so daß es zu flächenmäßigen Senkungserscheinungen kommt, die innerhalb einer menschlichen Generation ganze Bebauungsgebiete derart beeinflussen können, daß sie nicht mehr nutzbar sind. Es sind auch heute noch Absenkungen bekannt, die in der Größenordnung von Dezimetern im Jahr liegen. Je nach der Fazies können nach geologischen Gesichtspunkten, wie in Tab. 1 für den Karbonatkarst angeführt, weitere Untertypen ausgeschieden werden.

Entsprechend der Lage der verkarstenden Gesteine zur Erdoberfläche kann man zwei Hauptformen beobachten. Als „nackter Karst" bezeichnet man Erscheinungen, die sich in einer Gesteinsschicht abspielen, die direkt zutage ansteht. Bei verdecktem Karst (die verkarstenden Gesteine werden von unlöslichen Schichten überlagert) ist es wichtig zu wissen, ob die hangenden Schichten wasserundurchlässig oder wasserdurchlässig

Tab. 3. Klassifikation der wichtigsten Karstformen

	I. In löslichen Gesteinen		II. In unlöslichen Gesteinen, die verkarstende Schichten überdecken oder ihnen anliegen		
	Formenbezeichnung	Wichtigste, die Entwicklung der Formen bedingende Prozesse		Formenbezeichnung	Wichtigste, die Entwicklung der Formen bedingende Prozesse
Oberflächenformen	1. Karren	Lösung und Erosion (an steilen Hängen)	A. Vorwiegend bei schwer löslichen Gesteinen im Untergrund	1. Karst-Suffosionstrichter (Einzugstrichter)	Suffosion mit Materialtransport in unterirdische Hohlräume
	2. Karstnische	Lösung und Verwitterung, mitunter Unterspülung		2. Einsturztrichter	Einsturz und Suffosion oder unterirdische Erosion des eingestürzten Materials
	3. Karsttrichter a) Oberflächenauslaugung b) Einstürze = Erdfälle	 Lösung Lösung und Einsturz		3. Karst-Erosionshohlwege	Erosion mit Abtransport der Produkte in unterirdische Karsträume
	4. Karsttäler a) blinde b) halbblinde	 Lösung und Erosion Erosion und Lösung		4. Karst-Erosionsfelder	Erosion mit Abtransport der Produkte durch unterirdische Karstwege
	5. Karstfelder und Talkessel (Polje)	Erosion + Lösung + Einsturz (manchmal)	B. Vorwiegend bei leicht löslichen Gesteinen im Untergrund	5. Senkungsmulden (oft über „Salzspiegeln") – elliptische Formen	Lösung und Nachsacken (unter Umständen Einsturz)
				6. Senkungskessel – runde Formen	Lösung und Nachsacken (unter Umständen Einsturz)
				7. Senkungsspalten und Abbrüche an Salzhängen und Salzspiegeln	Lösung und Abkippen starrer Gesteinsschollen
				8. Lösungspingen über alten Salzbergwerken	Lösung und Einsturz
Unterirdische und Oberflächenformen (gemischte Formen)	6. Karstbrunnen, -schächte und -schlünde	Lösung + Einsturz – Erosion		9. Karst-Suffosionseinfallschächte	Suffosion mit Materialtransport in unterirdische Räume und Einstürze
	7. Verkarstete Klüfte	Lösung		10. Karst-Suffosionskanäle und -räume	Suffosion mit Materialabtransport in unterirdische Karsträume
	8. Karsthöhlen, -kanäle und andere große Räume (Laughöhlen, Einsturzhöhlen)	Lösung, häufig mit unterirdischer Erosion und Einstürzen begleitet			
	9. Kavernen und Lösungsporen	Lösung			
	10. Zonen intensiv verkarsteter Gesteine	Lösung			
	11. Geologische Orgeln (turmähnliche oder zahnähnliche Formen, durch spätere Bildungen verdeckt)	Lösung und Rückstände (Residualbildungen)			

2. Einteilung des Karstes nach den Lagerungsformen

Tab. 2. Typisierung der wichtigsten Lagerungsbesonderheiten der verkarstenden Gesteine

1. Nackter Karst
Die verkarstenden Gesteine liegen unmittelbar an der Oberfläche.
2. Verdeckter Karst
a) Die verkarstenden Gesteine werden von Schichten wasserdurchlässiger unlöslicher Gesteine überdeckt.
b) Die verkarstenden Gesteine werden von wasserundurchlässigen unlöslichen Gesteinen überdeckt.

Im Verhältnis zum Wasserspiegel des unterirdischen Wassers:
1. Die verkarstenden Gesteine liegen in der Aerationszone.
2. Die verkarstenden Gesteine liegen in einer Zone beständiger Wassersättigung.
3. Die verkarstenden Gesteine liegen in beiden genannten Zonen.

sind. Viele Beobachtungen lassen z. B. erkennen, daß die Verkarstungserscheinungen in den Salzgesteinen des Zechsteins (Auslaugung) dort zur Ruhe gekommen sind, wo mächtiges, tonig ausgebildetes Tertiär den Zechstein überdeckt (F. & R. REUTER 1962 und F. REUTER 1962). In diesem Zusammenhang sind auch die hydrogeologischen Gegebenheiten zu berücksichtigen, wie es im zweiten Teil der Tab. 2 geschieht.

3. Klassifikation der wichtigsten Karstformen

Während die bisher genannten Klassifikationsschemata in erster Linie bei der Anfertigung von ingenieurgeologischen Übersichts- und Situationskarten wichtig sind, dient die Tab. 3 zur Unterscheidung der Formen auf ingenieurgeologischen Spezial- und Detailkarten. Die gut ausgearbeitete Tabelle bedarf keiner Erläuterung. Die Termini sind allgemein bekannt (soweit dies nicht der Fall war, wurden Umschreibungen gewählt, die in allen Ländern verständlich sind). An Hand der wichtigsten Prozesse, die die Karstformen bilden, ist eine Einstufung jederzeit leicht möglich.

Die vertikale Gliederung berücksichtigt, ob es sich um nackten (I) oder verdeckten (II) Karst handelt.

Tab. 4. Die wichtigsten hydrologischen und hydrogeologischen Karsterscheinungen

1. Verschwindende Bäche und Flüsse
2. Gebiete teilweisen Flußwasserverlustes
3. Lokale Längsdepressionen des unterirdischen Wasserspiegels in der Nähe von Flüssen
4. Mächtige Karstquellen
5. Herde einer Karstwasserentlastung in Flußläufen und Seen
6. Submarine Quellen
7. Karstseen: a) mit Oberflächenspeisung
b) mit unterirdischer Speisung
c) mit gemischter Speisung
8. Unterirdische Flüsse
9. Unterirdische Seen

4. Die wichtigsten hydrologischen und hydrogeologischen Karsterscheinungen

In Tab. 4 sind die wichtigsten hydrogeologischen und hydrologischen Erscheinungen aufgeführt. Sie spielen bei der ingenieurgeologischen Kartierung in großen Maßstäben insofern eine Rolle, als sie gewisse Rückschlüsse auf die Entwicklung und die mögliche Verbreitung eines Karstgebietes erlauben. Da eigentliche Termini fehlen und nur Umschreibungen gewählt wurden, ist die Aufstellung leicht verständlich.

Zusammenfassung

Es wurden vier Klassifikationsschemata von Karsterscheinungen für ingenieurgeologische Zwecke vorgelegt, die auf der Tagung der ingenieurgeologischen Gruppe des RgW in Berlin (3.—12. 5. 1962) erarbeitet und angenommen wurden. Sie sollen bei der ingenieurgeologischen Kartierung in verschiedenen Maßstäben Berücksichtigung finden.

Резюме

Представляются четыре классификационных схемы карстовых явлений для инженерно-геологических целей, которые были разработаны и приняты на совещании инженерно-геологической группы СЭВа в Берлине (от 3—12. 5. 1962 г.). Они должны быть учтены при инженерно-геологическом картировании в разных масштабах.

Summary

Four schemes of classification of karst phenomena worked out and approved by the meeting of the engineering-geological group of the Council of Mutual Economic Aid in Berlin (May 3—12, 1962) are presented for engineering-geological purposes. They shall be considered in engineering-geological maps of different scales.

Literatur

Protokoll der Sitzung der zeitweiligen geologischen Gruppe zur Frage „Vereinheitlichung von Klassifikationsschemata und der Terminologie für die ingenieurgeologische Kartierung sowie der Methoden zur Bestimmung physikalischer und mechanischer Eigenschaften der Gesteine und anderer Feld- und Laboruntersuchungen, die bei der ingenieurgeologischen Kartierung angewandt werden". — Berlin, Mai 1962.

REUTER, F. & R.: Ingenieurgeologische Beurteilung und Klassifikation von Auslaugungserscheinungen. — Freib. Forsch.-H. C 127, 1—47, Berlin 1962.

Unterlagen der Mitgliederländer des RgW zum Thema „Ingenieurgeologische Kartierung".

Schwierigkeiten durch Magnesiumchlorid beim Abteufen von Tiefbohrungen[1)]

B. HEYNE, Gommern

Einleitung

In immer stärkerem Maße treten bei der Erkundung von Erdöl- und Erdgaslagerstätten erhebliche Schwierigkeiten durch Laugenzuflüsse und Mg-Salze auf. In der DDR ergeben sich besonders durch die Magnesiumchloridzuflüsse bei den Aufschlußarbeiten in den mächtigen Salzfolgen des Zechsteins Komplikationen, wobei Spülungsprobleme meist im Vordergrund stehen. Es werden Bohrungen beschrieben, die durch Mg-Chlorid behindert wurden oder gänzlich eingestellt werden mußten. Im Anschluß daran folgen Ergebnisse von Laborarbeiten für die Entwicklung einer magnesiumstabilen Rezeptur.

Beispiele aus der Praxis

In der Bohrung Fallstein 19 wurde im Basalanhydrit und Plattendolomit (Teufe 1550 m) die Spülung durch Einfluß von Mg-Salzen stark geschädigt. Die Wasser-

1) Eingang des Manuskripts in der Redaktion: 17. 7. 1962

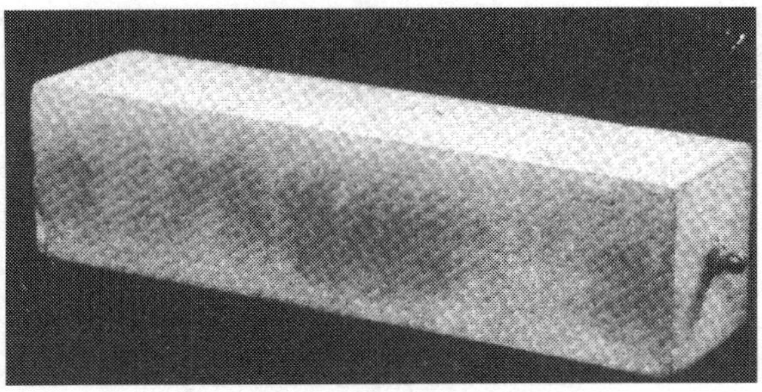

Abb. 1. Normaler Zementprüfkörper

Abb. 2. Einwirkung von Magnesiumchloridlauge nach 6 bis 8 Wochen

Abb. 3. Völlig zerstörter Zement

abgabewerte der CMC-geschützten Tonspülungen stiegen über 80 ml bei entsprechender Krustenstärke. Geringe Viskosität, keine Thixotropie und ein pH-Wert zwischen 5—6 ließen das Vorhandensein einer stark spülungsschädigenden Schicht vermuten. Dies bestätigt die chemische Analyse des Bohrspülungsfiltrats: 88,5 g $MgCl_2$/l, 5,10 g $CaSO_4$/l und 230 g NaCl/l. Eine Bearbeitung der Spülung mit 2% CMC führte zu keinem Erfolg.

In der Bohrung Pasewalk traten bei einer Teufe von 2453—2467 m Mg-Schädigungen auf, die zu einer völligen Koagulation der Spülung führten. Nach Ausbau der Schwerstangen fand man an diesen eine Salzkruste, die aus $CaSO_4$ und $MgCl_2$ bestand.

Auf der Struktur Buchholz traten ebenfalls in zwei Bohrungen, die näher untersucht wurden, Magnesiumzuflüsse auf. Hier handelt es sich eindeutig um Laugenzuflüsse. Die Ursachen von Schwierigkeiten bei anderen Bohrungen können auch in der Schädigung der Spülung durch gelöste Mg-Salze aus dem Bohrklein zu suchen sein.

In der Bohrung Buchholz Z 2 wurde bei einer Teufe von 2196,6 m ein Magnesiumchlorid-Laugenzufluß festgestellt. Er betrug bei geöffnetem Bohrloch 2—3 l/sec mit einer Dichte von 1,34 bis 1,38 g/cm³ bei einer Temperatur von 43 °C. Die Lauge enthielt 476 g Magnesiumchlorid/l und 14 g Calciumchlorid/l. Die Temperaturmessung zeigte, daß der Zufluß zwischen 1370 und 1320 m lag, stratigraphisch im Bereich von Hauptanhydrit und Plattendolomit, d. h. des Karbonat-Sulfat-Fußes des Zechsteins 3. Somit erfolgte der Laugenzufluß erst, nachdem weitere ca. 850 m abgeteuft worden waren.

Bei der nächsten Bohrung, Buchholz Z 3, trat der Laugenausfluß in geringen Mengen bereits bei einer Teufe von 1513 m auf. Der Zufluß steigerte sich nach einigen Tagen sprunghaft auf 20—35 l/sec mit einem Kopfdruck von 60 atü. Die Lauge hatte eine Dichte von 1,1 bis 1,34 g/cm³. Ihre Zusammensetzung: 454 g $MgCl_2$/l, 0,35 g NaCl/l, 0,58 g KCl/l, 10 g $CaCl_2$/l.

Der Zufluß erfolgte ebenfalls aus dem Hauptanhydrit — Plattendolomit bei 1330 m bis 1350 m. Die Angabe der jeweiligen Teufe beim Zufluß differierte, da an und für sich jede Bohrung die Magnesium-Störungsschicht ohne Behinderung durchbohrte. Erst durch Spülungsverluste in höheren Horizonten und bei technischen Manipulationen traten die Laugenzuflüsse auf. Bei der Buchholz Z 2 waren es ca. 850 m, bei der Buchholz Z 3 dagegen nur 170 m, die über den Zuflußhorizont hinaus gebohrt wurden.

Ähnliche Fälle sind auch von der Struktur Cismar bekannt. MALZAHN gibt an, daß durch Magnesium-Laugenzuflüsse Bohrungen in Westdeutschland eingestellt werden mußten.

Als Schlußfolgerung aus den Bohrungen in der DDR resultieren folgende Aufgaben:

1. Entwicklung einer magnesiumstabilen beschwerten Spülung;
2. Gewährleistung einer einwandfreien Zementation bei Anwesenheit von Magnesiumchlorid.

Magnesiumsalze wirken stark korrodierend auf den Zement. Weiterhin tritt beim Zufluß von Laugen bzw. beim Lösen von Magnesiumsalzen in der Zementschlämme eine starke Viskositätserhöhung ein. Dies kann so

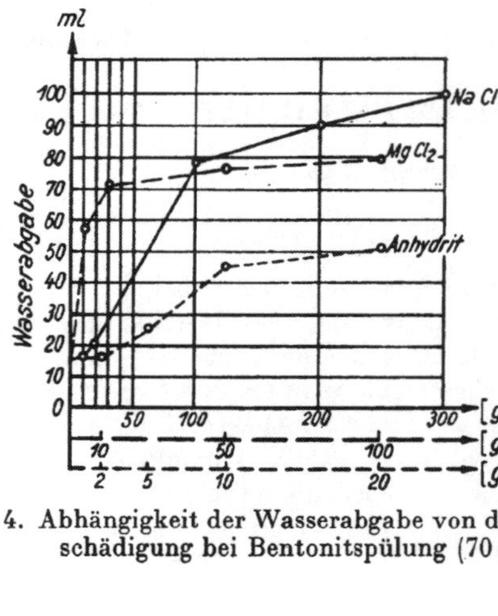

Abb. 4. Abhängigkeit der Wasserabgabe von der Elektrolytschädigung bei Bentonitspülung (70 g/l)

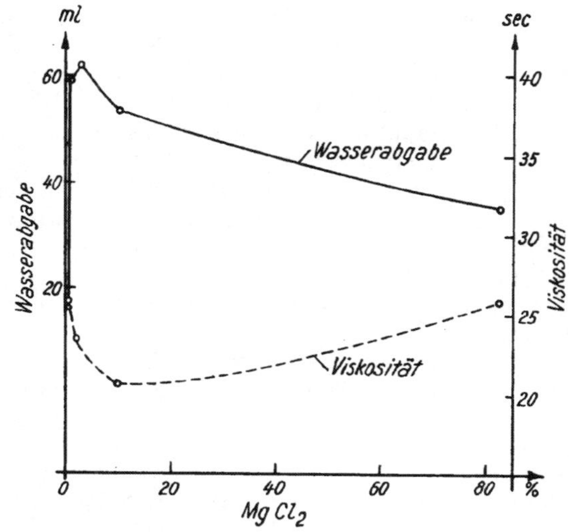

Abb. 5. Abhängigkeit der Wasserabgabe und Viskosität vom Elektrolytzusatz ($MgSO_4$, $MgCl_2$) bei 20 °C von einer ungeschützten 7%igen Bentonitspülung

weit führen, daß die Zementschlämme nicht mehr pumpfähig ist. Weiterhin wirken die Mg^{++}-Ionen in der Weise, daß in dem abgebundenen Zement die in den Calcium-Silikaten enthaltenen Ca^{++}-Ionen teilweise gegen Mg^{++}-Ionen ausgetauscht werden. Durch die Bildung von Sulfoaluminaten, die sehr viel Kristallwasser enthalten, treten Volumenvergrößerungen auf, die zur Zertreibung des Zementkörpers führen. Auf der anderen Seite reagiert das vorhandene $Ca(OH)_2$ mit dem $MgCl_2$ unter Bildung von $Mg(OH)_2$ und dem leichtlöslichen $CaCl_2$, das aus dem Zement ausgelaugt wird. Der feste Zementstein zerfällt dabei in eine schwammige, bröcklige Masse, die nicht mehr abdichtet. Dadurch sind normale Portlandzemente nicht zur Zementation in magnesiumführenden Horizonten geeignet (Abb. 1, 2, 3).

Es besteht die Aufgabe, bei Anwesenheit von Magnesiumlaugen bzw. bei Zementation von Magnesiumhorizonten andere Produkte zum Abdichten einzusetzen. Bei geringen Schädigungen kann dies schon dadurch geschehen, daß man durch Verpumpen eines Spülungspfropfens und anschließend mit einer ausgesalzenen Zementschlämme arbeitet. Dabei geht man davon aus, daß es eine Frage der Zeit ist, wann die großen Zementierhöhen zerstört werden.

Weitaus bessere Möglichkeiten dürften dagegen Zementationen mit Kunstharzen auf der Basis der in den USA entwickelten Resinzemente sowie dem neuartigen Dexetzement, der aus einem Gemisch von Phosphorsäure, Aluminium- und Fluorverbindungen besteht, bieten. Mit diesen Mitteln wurden jedoch bei uns noch keine Untersuchungen durchgeführt.

Das Bohr-, Verrohrungs- und Spülungsprogramm von Buchholz Z 4 basierte auf den Erfahrungen mit den bisherigen Sonden. Im Gegensatz zu diesen war die Zuflußstelle vorher genau festgelegt, so daß entsprechende Gegenmaßnahmen eingeleitet werden konnten. Die Bohranlage hatte sofort nach Durchteufen des zu erwartenden Zuflußhorizontes bei 1350 m die $8^5/_8$"-Rohrtour abzusetzen. Da noch keine magnesiumstabile beschwerte Spülung zur Verfügung stand, wurde erstmalig mit einer Magnesiumlauge gebohrt. Die Dichte

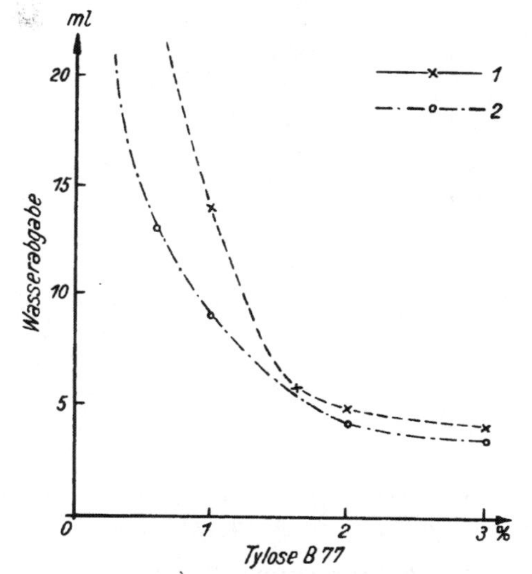

1 — Salzzusatz vor CMC, 2 — Salzzusatz nach CMC

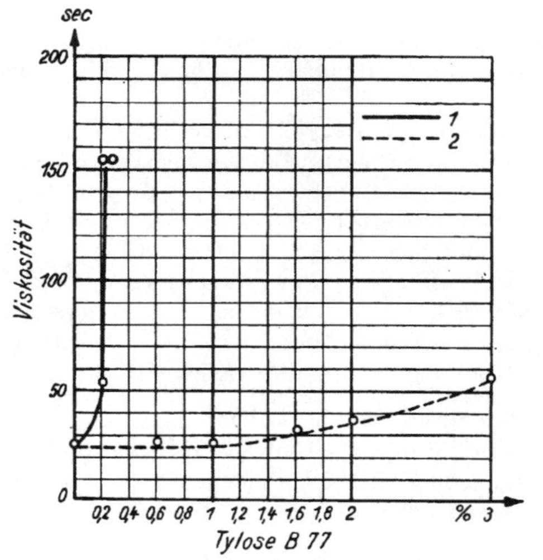

1 — CMC-Zugabe vor der Schädigung, 2 — CMC-Zugabe nach der Schädigung

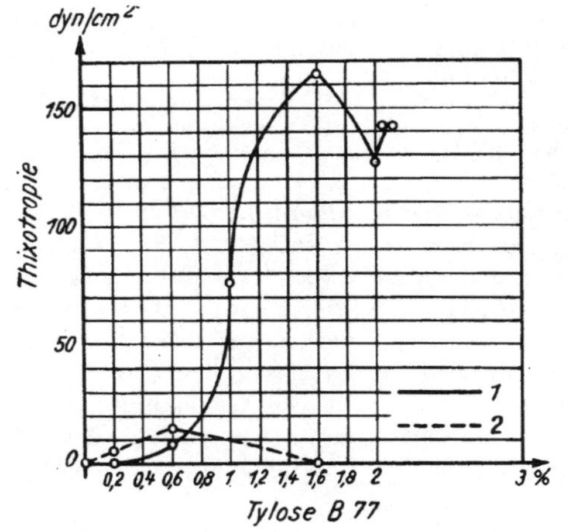

1 — CMC-Zugabe vor der Schädigung, 2 — CMC-Zugabe nach der Schädigung

Abb. 6, 7 und 8. Abhängigkeit der Wasserabgabe, Viskosität und Thixotropie einer 7%igen Bentonitspülung von der Reihenfolge der CMC- und Magnesiumchlorid-Zugabe

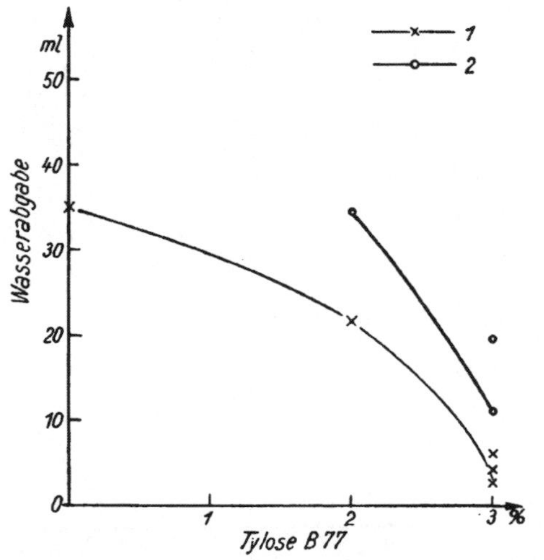

Abb. 9. Abhängigkeit der Wasserabgabe der 7%igen Bentonitspülung von der Reihenfolge der Zugabe von 80% Magnesiumchlorid und CMC

1 – Salzzusatz vor CMC, 2 – Salzzusatz nach CMC

dieser gesättigten Lösung betrug 1,3 g/cm³. Die Bohrung konnte einwandfrei verrohrt und zementiert werden.

Das Bohren mit Lauge kann natürlich nur unter der Voraussetzung erfolgen, daß das Gewicht der gesättigten Lösung den entsprechenden Lagerstättendruck kompensiert. Auch ist der Transport des Bohrkleins bei Laugenspülungen oftmals unzureichend. Da die korrodierende Wirkung der Lauge auf Gestänge und Rohre sehr erheblich ist, kann der Einsatz der Lauge nur vorübergehend erfolgen. Auch ist bei einer Laugenspülung keine Erhöhung der Dichte möglich.

Entwicklungsarbeiten im Labor

Zur Einführung in die folgenden Laborarbeiten ist es notwendig, kurz auf die kolloidchemische Grundlage der Spülung einzugehen.

Für die Stabilität von Ton-Wasser-Suspensionen werden vor allem zwei Ursachen verantwortlich gemacht:

1. eine gleichsinnige elektrische Aufladung der Tonpartikel, die eine gegenseitige Abstoßung durch COULOMBsche Kräfte verursacht und somit eine Koagulation verhindert oder erschwert, und
2. die Hydratisierung der Tonteilchen durch Absorption von Wassermolekülen. Man nimmt an, daß diese an freien Valenzen oder an Sauerstoffatomen des Tons festgehalten werden.

Besonders Montmorillonit kann durch Ausdehnung seines Gitters stark hydratisiert werden und eine beträchtliche Stabilität seiner Suspension erreichen.

Das adsorbierte Wasser steht ebenfalls wie die elektrische Aufladung einer Koagulation im Wege und trägt somit zur Stabilität des Systems bei.

Die elektrische Ladung ist auf Ionisierung oder Adsorption von negativ geladenen Ionen zurückzuführen, die von ungesättigten Metallionen an den Gittern gebunden werden.

Ein dritter Faktor, der auf die physikalischen Eigenschaften von Bohrspülungen einwirkt, ist die gegenseitige Anziehung zwischen den Teilchen, die auf VAN DER WAALschen Kräften beruht. Die Anziehung wird auf die ungesättigten Valenzen an den Teilchenecken zurückgeführt. Dieser Effekt erhöht die Reibung zwischen den Teilchen — damit auch die Viskosität — und unterstützt eine Koagulation. Diese Anziehungskräfte werden von WHITE als Ursache für das Auftreten der Thixotropie verantwortlich gemacht. Sie wirken den abstoßenden Kräften entgegen, so daß bei großer Abstoßung Thixotropie und Geschwindigkeit der Gelbildung der Spülung gering sein werden, andererseits aber beim Überwiegen der anziehenden Kräfte eine starke Thixotropie resultiert.

Bei Schädigung mit geringen Salzmengen tritt durch Entladung der Tonpartikel eine Verkleinerung der abstoßenden Kräfte ein, so daß ein Ansteigen von Thixotropie und Viskosität die Folge ist, da hier die anziehenden Kräfte zur Geltung kommen, die Teilchen näher aneinander rücken und sich in ihrer Bewegung behindern können.

Der bei größeren Salzmengen eintretende Viskositätsabfall ist wahrscheinlich auf eine starke Dehydratisierung und Koagulation zurückzuführen, wodurch eine mögliche Reibung stark vermindert wird. Die Schädigung der Spülung durch Elektrolyte macht sich also derart bemerkbar, daß der größte Teil des gebundenen Wassers abgestoßen wird und die Teilchen koagulieren und ausflocken.

Das Ausmaß dieser Schädigung ist von mehreren Fakten abhängig:

1. Von der Elektrolytmenge, insbesondere von der Konzentration des Kations, da dies die bereits erwähnte Entladung der abstoßenden Kräfte bewirkt. Die maximale Menge eines schädigenden Salzes wird durch dessen Löslichkeit bestimmt.
2. Von der Wertigkeit des Kations. Infolge des Anwachsens der Ladung kann ein zweiwertiges Kation viel stärker auf das kolloidale System einwirken als ein einwertiges. Diese Tatsache ist in der Regel von SCHULZE-HARDY fixiert, die besagt, daß zum Erreichen der gleichen Schädigung die zehnfache Menge eines einwertigen Kations, wie Na^+, gegenüber den zweiwertigen, wie Ca^{++} und Mg^{++}, benötigt wird.

Weitere Faktoren sind pH-Wert, Temperatur und die Anwesenheit von Schutzkolloiden. Aus diesen Faktoren, die den Umfang der Beeinflussung der Spülung bedingen, läßt sich die starke Wirkung des Magnesiumions herleiten: Zu der Wertigkeit (Mg^{++} ist zweiwertig, also zehnfach wirksamer als Na^+ bei gleicher Konzentration) kommt noch die sehr hohe Löslichkeit von Magnesiumchlorid, die größer ist als die von Natriumchlorid, hinzu.

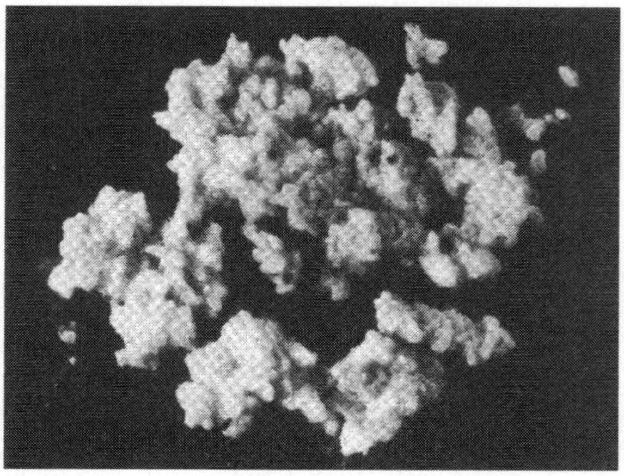

Abb. 10. Ausfallprodukt

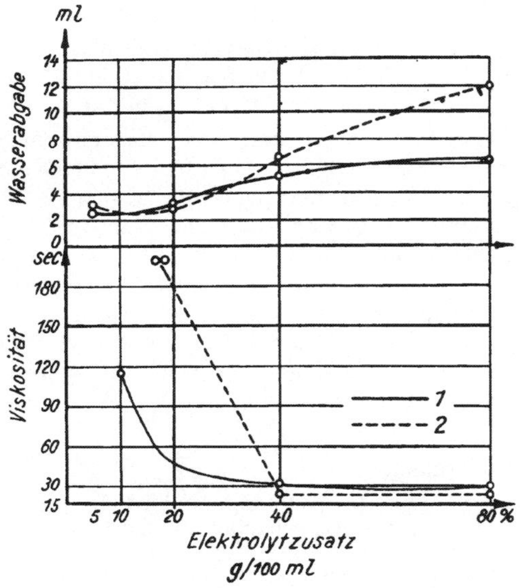

Abb. 11. Abhängigkeit der Wasserabgabe und Viskosität vom $MgCl_2$-Zusatz von umgebrochener und normaler Bentonitspülung, mit 3% Tylose stabilisiert

1 – umgebrochen, 2 – nicht umgebrochen

In Abb. 4 ist die Schädigung einer Bentonitspülung durch Na^+, Ca^{++} und Mg^{++}-Salze dargestellt: Schon bei Zusatz von 1% Magnesiumchlorid wird eine Wasserabgabe von 70 ml erzielt, erst bei 10% Natriumchlorid tritt die gleiche Wirkung auf. Daher wurde nur bei Natriumchlorid die Kurve bis zur vollen Sättigung aufgenommen, weil bei Ca^{++} und Mg^{++} nach der SCHULZE-HARDYschen Regel schon bei wesentlich geringeren Mengen der gleiche Effekt erzielt wird.

Die Temperaturerhöhung führt in der Praxis noch zu einer zusätzlichen Steigerung der Wasserabgabe.

Die Veränderung der Spülungswerte auch für höhere Magnesiumkonzentrationen zeigt Abb. 5, bei der die Elektrolytschädigung einer ungeschützten 7%igen Bentonitspülung mit Magnesiumchlorid untersucht wird.

Die in bezug auf Magnesiumchlorid geringe Löslichkeit des Magnesiumsulfats ergibt auch in den Diagrammen kleinere Wasserabgabewerte, wobei aus den Wasserabgabe- und Viskositätswerten ersichtlich ist, daß die Spülung koaguliert.

In der Spülungstechnik werden international zur Bekämpfung der Elektrolytschädigungen Schutzkolloide eingesetzt. Unsere folgenden Laborversuche beschäftigen sich damit, die in Vorversuchen als besonders günstig herausgestellte Carboxylmethylcellulose vom Typ Tylose B 77 in verschiedenen Rezepturen zu erproben.

Zunächst wurden zwei Rezepturen erprobt, wobei einmal die Bentonitspülung mit CMC stabilisiert und dann mit Magnesiumchlorid versetzt wurde und zum anderen die bereits geschädigte Spülung mit CMC verbessert wurde. Der Gegenüberstellung beider (einer nach und einer vor der Elektrolytschädigung stabilisierten Dickspülung) sind interessante Ergebnisse zu entnehmen. Bei 5% Magnesiumchlorid differieren die Meßwerte sehr stark in den Viskositätswerten. Ab 0,6 g Tylose-Zugabe ist bei nachträglicher Magnesiumchloridschädigung die Viskosität = unendlich im Feldviskosimeter; die Wasserabgabewerte sind mit 2% Tylose auf 3 ml zu senken, wo hingegen sich bei vorheriger Salzzugabe die geringen Viskositätswerte kaum verändern und die Thixotropie auf Null fällt. Die Filtrationswerte dagegen steigen nur unwesentlich an auf 4–5 ml (Abb. 6, 7 u. 8).

Bei der Zugabe von 80% Magnesiumchlorid ergibt sich die Tatsache, daß die Filtrationswerte geschädigter und anschließend mit 2% Tylose geschützter Spülungen geringer sind (7 ml) als bei den vor der Schädigung stabilisierten Spülungen. Diese Messungen wurden mehrmals wiederholt, auch die Zugabe von 10%iger Tyloselösung ergab keine Änderung (Abb. 9).

Bei der zweiten Rezeptur zeigt sich also eine bessere Stabilität der Spülung. Es kann angenommen werden, daß sich dabei aus dem Na^+-basischen Ton bereits ein Mg^{++}-Ton gebildet hat, der dann stabilisiert wird. Inwieweit dieser Umbruch zu einem Magnesium-Bentonit erfolgt, ist nicht nachgeprüft, bessere Spülungswerte sind aber zu verzeichnen. Es treten leider keine Schubspannungsdifferenzen auf, so daß die Thixotropie meist Null ist.

Bei diesen Versuchen bemerkten wir ein Ausfallprodukt bei der Schädigung einer CMC-stabilisierten Bentonitspülung mit Magnesiumchlorid. Abb. 10 zeigt uns diese körnigen, etwas schleimigen Zusammenballungen, die als Siebrückstand auftraten.

In reinen Tonspülungen (Bentonit- und Friedländer Blauton-Spülung) und auch in Schutzkolloidlösungen konnten diese Erscheinungen bisher nicht beobachtet werden. Es wird daher vermutet, daß sich (in Verbindung mit der Bentonitspülung) unlösliche Magnesium-CMC-Verbindungen bilden. Die Untersuchungen sind noch nicht abgeschlossen.

Eine dritte Versuchsreihe ging von einer calciumbasischen Spülung aus, die aus einer Na-Bentonit-Spülung durch den Zusatz von 20 g $CaCl_2$/l umgebrochen wurde. Den Austauschprozeß, der beim Montmorillonit durch das hohe Ionenaus-

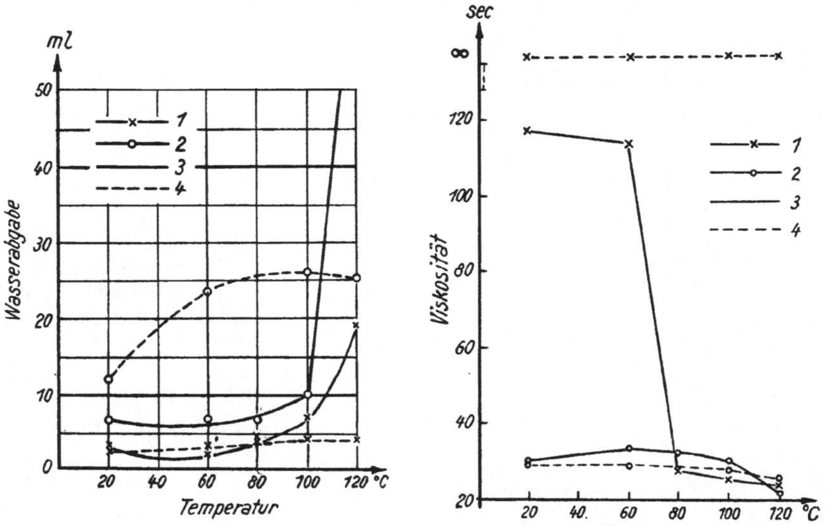

Abb. 12 und 13. Abhängigkeit der Wasserabgabe und Viskosität von der Temperatur einer 7%igen Bentonitspülung, die mit 3%CMC stabilisiert und elektrolytgeschädigt wurde

1 – 4% $MgCl_2$, 2 – 80% $MgCl_2$, 3 – umgebrochen, 4 – nicht umgebrochen

tauschvermögen möglich ist, sollte ein gegen Magnesiumeinwirkungen stabiler Calcium-Bentonit gewährleisten. Dieser Versuch geht auf die Literatur von JAHNS & WEILAND zurück. In Abb. 11 sind die Filtrations- und Viskositätswerte dieser Spülung im Vergleich zu einer normalen, nichtumgebrochenen Spülung in Abhängigkeit vom Magnesiumzusatz aufgezeigt.

Die umgebrochene calciumbasische Spülung weist bei Mg-Schädigungen günstigere Spülungseigenschaften auf. Man sieht deutlich, daß die Viskositäten der umgebrochenen Spülungen, besonders bei niedrigen Magnesiumkonzentrationen, wesentlich niedriger liegen als bei den Vergleichsspülungen; das gleiche gilt für die Wasserabgaben bei hohen Magnesiumchloridgehalten.

Alle bisherigen Versuche wurden bei Zimmertemperatur durchgeführt. Weitere Versuche machten sich bei Variation der Temperatur notwendig. Die Erhitzung erfolgte statisch im Autoklaven, die Spülungsmeßwerte wurden jeweils nach Abkühlung bestimmt. Verglichen wurde die herkömmliche Rezeptur mit der umgebrochenen Spülung bei Temperaturen bis 120 °C.

Die erste Rezeptur, bestehend aus Bentonitspülung — Schutzkolloid — Elektrolyt, zeigt bei steigenden Temperaturen und geringem Elektrolytgehalt (5% Magnesiumchlorid) gute Wasserabgaben. Die Viskosität von unendlich geht auch bei 120 °C nicht zurück. Ab 20% Magnesiumchlorid fällt die Viskosität; bei 80% Magnesiumchlorid beträgt sie etwa 30 sec und fällt bei 120 °C sogar auf 24,1 sec ab. Die Wasserabgaben sind in den $MgCl_2$-ausgesalzenen Spülungen relativ hoch und schon bei 60 °C über 20 ml, steigen dann aber auch bis 120 °C nicht wesentlich an.

Die Rezeptur, die von einer calciumchloridumgebrochenen Bentonitspülung ausgeht, weist dagegen bei Temperaturen bis 100 °C mittlere Viskositätswerte auf; die Thixotropie bleibt bei Null. Die Wasserabgabewerte entsprechen bei 5% Magnesiumchlorid bis 100 °C den niedrigen Vergleichswerten der nichtumgebrochenen Spülung. Bei Sättigung mit Magnesiumchlorid liegen die Werte bis 100 °C unterhalb von 10 ml und sind damit der ersten Rezeptur überlegen. Über 100 °C sind die Werte der umgebrochenen Spülung wesentlich schlechter (s. Abb. 12 und 13).

Die Untersuchungen zeigten, daß eine Stabilisierung von größeren Mengen Magnesiumchlorid in Bohrspülungen nur bis zu Temperaturen von 80 bis 100 °C möglich ist.

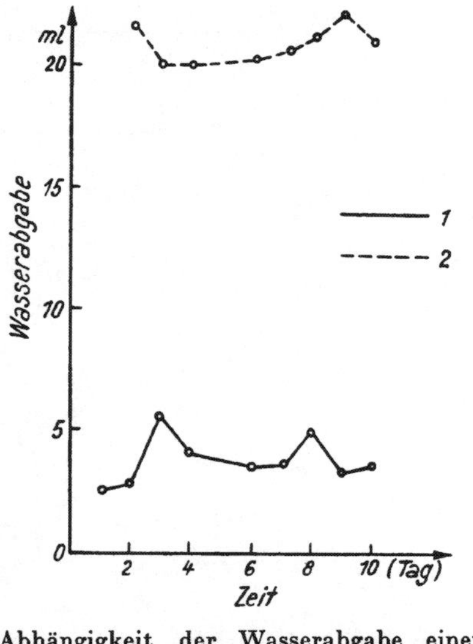

Abb. 14. Abhängigkeit der Wasserabgabe einer tylosestabilisierten, mit 80% Magnesiumchlorid geschädigten 7%igen Bentonitspülung von der Zeit

1 — umgebrochen, 2 — nicht umgebrochen

Die über 10 Tage angestellten Versuche bei Zimmertemperatur ergaben gleichbleibende Resultate der Spülungswerte (s. Abb. 14). Dies zeigt, daß die umgebrochene Spülung über längere Zeit stabil sein müßte.

Bisher war die Erprobung dieser Rezepturen in der Praxis noch nicht möglich. Auch fehlte neben der niedrigen Stabilität eine ausreichende Thixotropie, so daß eine zusätzliche Beschwerung zur Überwindung des Lagerstättendrucks in diesen Rezepturen noch nicht gegeben ist. Der laborative Einsatz von Dextran als Schutzkolloid verspricht dagegen eine weitgehend verbesserte Stabilisierung der Bohrspülung gegen Magnesiumchlorid, da mit Magnesium keine unlöslichen Verbindungen auftraten.

Zusammenfassung

Anhand einiger Beispiele wird die Wirkung von Magnesiumzuflüssen auf die Bohrspülung und den bohrtechnischen Ablauf aufgezeigt. Als Auswertung der bisherigen Erfahrungen ist mit einer Magnesiumlaugenspülung der Hauptanhydrit und Plattendolomit durchteuft worden.

Die Laborversuche führten zur Entwicklung Mg-stabiler Spülungsrezepturen. Durch das Umbrechen der Natrium-Bentonit-Spülung mit zweiwertigen Elektrolyten ergaben sich bis etwa 80 bis 100 °C relativ stabile Spülungen. Der Stabilisator Dextran weist gegenüber dem CMC-Produkt Tylose bessere Werte auf. Eine praktische Erprobung der Laborarbeiten steht noch aus.

Резюме

На основе некоторых примеров показывается воздействие магниевых притоков на буровой раствор и технический ход бурения. С целью использования сделанных до сих пор опытов, главный ангидрит и плитчатый доломит были пробурены при применении раствора, сложенного магниевой щелочью.

Лабораторные испытания привели к разработке стабильных против магния рецептур для растворов. Путем обработки натриево-бентонитового раствора с двухвалентными электролитами, получились растворы относительно постоянные до примерно 80—100° С. Стабилизатор ,,Декстран“ по сравнению с СМС-продуктом ,,тилоз“ дает лучшие показатели. Испытание лабораторных опытов на практике еще не проведено.

Summary

Some examples are given to show the effect of magnesium supplies on the drilling mud and drilling process. As a result of experiences so far made the main anhydrite and plattendolomite have been sunk by a drilling mud of magnesium lye.

Laboratory tests led to the development of mud compositions stable against magnesium. Up to about 80 to 100°C relatively stable muds were obtained by preparing the sodium-bentonite mud with bivalent electrolytes. Compared to the CMC product Tylose better values are shown by the stabilizer Dextran. A practical trial of the laboratory works is still open.

Literatur

HEYNE, B. & W. KLIPP: Dickspülungen für Erdölbohrungen. — Forschungsarbeit 1960.

JAHNS, H. & H. WEILAND: Zur Stabilisierung Mg-salzhaltiger Tonspülungen. — Bergbauwissenschaft, 5, H. 5, 127 (1958).

KLIPP, W.: Laborbericht aus dem Spülungslabor des VEB Erdöl- und Erdgas-Kombinat, Gommern.

MALZAHN, F.: Die geologischen Ergebnisse der Erdölaufschlußbohrtätigkeit des Jahres 1956 in Westdeutschland. — Erdöl und Kohle, 10, Nr. 4 (1957).

SCHULZE, K.: Laborbericht aus dem Zementlabor des VEB Erdöl-Erdgas-Kombinat, Gommern.

WHITE, TH.: Die Beeinflussung der Thixotropie und Viskosität tonmineralhaltiger Rohstoffe und Massen durch Quebracho-Extrakt. — Tonindustrie-Zeitg., Zbl. 77, S. 193 (1953).

Zeitschrift für angewandte Geologie (1963) Heft 1

Die Erdgasvorräte der UdSSR und einige Gesetzmäßigkeiten ihrer Verteilung[1)]

A. N. SNARSKY, Freiberg, & FRIEDRICH STAMMBERGER, Berlin

1. Vorbemerkung

Ende 1961 ist in der UdSSR das umfangreiche Standardwerk „Erdgaslagerstätten der UdSSR[2)]" erschienen. Als Verfasser zeichnen K. A. BJELOW, W. G. WASILJEW, N. D. JELIN, N. S. JEROFEJEW, S. T. KOROTKOW, M. S. LWOW, J. P. MIRONTSCHEW, A. T. MURATOWA, E. L. ROSHKOW und W. J. STAROSELSKIJ. In diesem Buche werden Angaben über den geologischen Bau und die Gasvorräte aller gegenwärtig in der UdSSR bekannten Gaslagerstätten, viele statistische Angaben über Gasvorräte und über die Gasförderung der UdSSR und der Welt gemacht, verknüpft mit einer Analyse über die allgemeinen Gesetzmäßigkeiten der Verbreitung von Gasakkumulationen.

Das Werk ist dem hervorragenden sowjetischen Erdöl-Erdgas-Geologen Akad. IWAN MICHAJLOWITSCH GUBKIN gewidmet. Es erschien zum 90. Geburtstag dieses großen Gelehrten.

Wenn man berücksichtigt, daß in der Sowjetunion die intensive Erkundung auf Erdgas in geologisch sehr unterschiedlichen Gebieten durchgeführt wurde und die UdSSR gegenwärtig mit ihren erkundeten Gasvorräten den ersten Platz in der Welt einnimmt, können die in der UdSSR festgestellten Gesetzmäßigkeiten über die räumliche Verteilung der Gasvorräte in gewisser Hinsicht verallgemeinert, d. h. auf andere Länder übertragen werden. Die veröffentlichten Daten sind deshalb nicht nur für die Geologen, sondern auch für die Planungsorgane von Interesse. Aus diesem Grunde wurden einige Angaben aus dem genannten Werk zur Information der Leser unserer Zeitschrift nachfolgend zusammengestellt.

Zum besseren Verständnis der angeführten Tabellen muß noch erwähnt werden, daß die Autoren neben den bekannten Vorratsklassen A, B, C_1 und C_2 die prognostischen „Klassen" D_1 und D_2 verwandten. Dagegen wurde in der UdSSR von mehreren Seiten, auch von der sowjetischen Vorratskommission, Einspruch erhoben. Zur „Kategorie D_1" werden von den Verf. Vorräte gerechnet, die in Sedimentgesteinen höffiger Gebiete der Becken auf Grund regionaler Untersuchungen vorausgesagt werden. Die Erdöl-Erdgas-Führung muß bewiesen sein bzw. wird angenommen.

Als „regionale Untersuchungen" wird ein Komplex aus geologisch-geophysikalischen Arbeiten, geochemischen Untersuchungen und Bohrungen verstanden, mit dessen Hilfe eine ausreichend begründete Beurteilung der im Profil enthaltenen Speicher und undurchlässigen Schichten, der räumlichen Verbreitung der für die Bildung und Akkumulation von Erdöl und Gas günstigen Gesteinsfolgen, der wesentlichsten tektonischen Elemente, regionaler Diskordanzzonen und auskeilender produktiver Schichten möglich ist, also alle Untersuchungen, die der eingehenden Vorbereitung einer Fläche zum Abbohren vorausgehen.

Vorräte der „Kategorie D_2" wurden in den Zusammenstellungen nicht berücksichtigt, sondern den Außerbilanzvorräten zugerechnet. D_2-Vorräte sind nach den Erläuterungen der Verf. solche, die in Sedimentschichten einschließlich der oberen Zone des Fundaments liegen, in geologisch schwach untersuchten Gebieten, die nur durch kleinmaßstäbliche Arbeiten (geologische Kartierung, magnetische, gravimetrische und analoge Vermessungen, einzelne seismische Profile und Einzelbohrungen) beleuchtet sind, mit denen kein ausreichend umfassendes Bild über den Tiefenbau und die Perspektiven der Erdöl-Erdgas-Führung des betreffenden Gebietes erhalten werden konnte.

2. Erdgasressourcen der UdSSR[3)]

Am 1. 1. 1961 waren in der UdSSR 241 Erdgaslagerstätten bekannt, in denen

in den Klassen A + B	1855	Milliarden	Nm^3
in der Klasse C_1	3644	,,	,,
in den Klassen $C_2 + D_1$	21700	,,	,,

Tabelle 1

	Gasressourcen		Davon A + B	Davon $C_2 + D_1$	
	Milliarden Nm^3	%	Milliarden Nm^3	Milliarden Nm^3	%
UdSSR	60000	100	1854,8	21700	100
1. RSFSR	32500	54,2	852,6	13145	60,5
2. Ukrainische u. Moldauische SSR	5100	8,5	401,9*)	2570	11,8
3. Kasachische SSR	5000	8,3	0,7	1080	5,0
4. Aserbaidshanische SSR	3000	5,0	36,4	700	3,2
5. Grusinische u. Armenische SSR	900	1,5	–	145	0,7
6. Usbekische SSR	5000	8,3	532,0	1250	5,8
7. Turkmenische SSR	7000	11,7	24,5	2600	12,0
8. Kirgisische u. Tadshikische SSR	1000	1,7	6,7	195	0,9
9. Übrige Bezirke	500	0,8	–	15	0,1

*) ohne Moldauische SSR.

Tabelle 2

Länder	Gefördert per 1. 1. 60 (orient.)	Ressourcen per 1. 1. 61 (in Tausend Milliarden Nm^3)		Höffige erdöl-erdgasführende Fläche Mill. km^2	Spezifische Gasvorräte (Millionen Nm^3 pro 1 km^2 Fläche)
		verblieben	erkundet		
UdSSR	0,12	60,0	2,0*)	11,0	5,5
USA	5,0	29,0	7,4	4,63	7,3
Die übrigen kapitalistischen Länder	0,3	70,0	–	13,8	5,0
	5,42	159,0	–	29,43	5,6

*) Nur der Klassen A + B ohne gewonnene Vorräte.

[1)] Eingang des Manuskripts in der Redaktion: 11. 10. 1962.

[2)] 745 Seiten, 153 Abbildungen, 417 Tabellen. Wissenschaftlich-technischer Staatsverlag für Erdöl- und Brennstoff-Literatur, Leningrad 1961.

[3)] „Ressourcen" entsprechen der Definition der ZVK, wenn bereits gewonnene Vorräte noch hinzugefügt werden.

ermittelt worden waren. (Die Gesamtressourcen werden mit 60000 Milliarden Nm³ angegeben.) Vorräte der Klassen A + B + C_1 wurden in 231 Lagerstätten, der Klassen A + B in 193 Lagerstätten erkundet.

Geographisch verteilten sich die Erdgasvorräte in der UdSSR per 1. 1. 1960 wie in Tab. 1 angegeben.

Tab. 2 stellt die Gasvorräte der UdSSR denen der USA und anderer Länder gegenüber.

3. Charakteristik der Gaslagerstätten der UdSSR

In Tab. 3 sind 231 Lagerstätten mit Vorräten in den Klassen A + B + C_1 (per 1. 1. 1961) nach ihrer Größe und ihrer Zugehörigkeit zu geologischen Einheiten geordnet. (Die Vorräte in C_1 machen etwa 32% der Vorräte in A + B aus.)

Tabelle 3

	Anzahl der Lagerstätten, mit Vorräten in den Klassen A + B + C_1 (in Milliarden Nm³)					
	bis 2	2–10	10–20	20–50	50–100	100–500
Russische Tafel	122	37	6	8	4	3
Westsibir. Tiefebene	1	3	1	1	—	—
Ostsibir. Tiefebene	—	—	—	1	—	—
Mittelasiat. Tafel	4	3	1	1	—	1
Zwischensenken u. Senken	21	10	1	1	1	—
Insgesamt	148	53	9	12	5	4
In % v. d. Gesamtzahl	64,0	23,0	3,9	5,2	2,2	1,7

Die UdSSR verfügt derzeit lediglich über 4 Lagerstätten (1,7%) mit jeweils mehr als 100 Milliarden Nm³ Vorräten, die allerdings über die Hälfte der Gesamtvorräte (A + B + C_1) beinhalten. In 9 Lagerstätten sind 65,7%, in 21 rund 81% aller Gasvorräte (A + B + C_1) konzentriert. 189 Lagerstätten, d. h. rund 82%, haben nur Vorräte von jeweils unter 5 Milliarden. Die größte Anzahl (55) der Lagerstätten hat Gasvorräte zwischen 100 und 500 Millionen Nm³, weitere 43 weisen Vorräte von jeweils weniger als 100 Millionen Nm³ aus (Tab. 4).

Tab. 4. Größe der Gaslagerstätten nach ihren Vorräten in A + B + C_1

Vorräte in Milliarden Nm³	Anzahl der berücksichtigten Lagerstätten	% von der Gesamtzahl	Summar. Vorräte Milliarden Nm³	% der Vorräte der UdSSR
UdSSR insgesamt	231	100	2204,4	100
Davon:				
0,1	43	18,6	1,6	0,07
0,1– 0,5	55	23,8	14,0	0,63
0,5– 1,0	26	11,2	18,4	0,8
1 – 2	24	10,4	32,9	1,5
2 – 5	40	17,3	122,3	5,6
5 – 10	13	5,7	86,9	4,0
10 – 20	9	3,9	140,4	6,4
20 – 50	12	5,2	336,8	15,3
50 –100	5	2,2	324,1	14,7
100 –500	4	1,7	1125	51,0

Die Angaben beziehen sich auf reine Gaslagerstätten, auf Gas in den Gaskappen von Erdöllagerstätten und auf Gaskondensatlagerstätten.

Von 239 berücksichtigten Lagerstätten waren 90 (37,4%) Gaslagerstätten, 121 (50,6%) Erdöl-Erdgas-

Tabelle 5

	Anzahl der erfaßten Lagerstätten	Gaslagerstätten	Erdöl-Erdgas-Lagerstätten		Gaskondensatlagerstätten
			freies Gas in Gaslagern	freies Gas in der Gaskappe	
1. Russische Tafel	183	72	61	29	21
2. Westsibirische Tiefebene	6	6	—	—	—
3. Ostsibirische Tiefebene	2	1	—		1
4. Mittelasiatische Tafel	10	5	4	—	1
5. Zwischensenken und Senken	38	6	16	11	5
Insgesamt	239	90	81	40	28
% von der Gesamtzahl	100	37,4	33,6	17,0	12,0

Tabelle 6

	Anzahl der erfaßten Lagerstätten mit produktiven Schichten												
	1	2	3	4	5	6	7	8	9	10	11	12	13
1. Russische Tafel	71	34	12	13	8	6	3	2	2	—	3	2	6
2. Westsibirische Tiefebene	7	3	—	—	—	—	—	—	—	—	—	—	—
3. Ostsibirische Tiefebene	—	—	—	—	—	2	—	—	—	—	—	—	—
4. Mittelasiatische Tafel	1	1	1	1	2	1	1	—	—	—	—	—	—
5. Zwischensenken und Senken	7	9	7	6	—	1	—	—	—	—	—	—	—
Insgesamt	86	47	20	20	10	10	4	2	2	—	3	2	6
% von der Gesamtzahl	39,8	22,5	9,6	9,6	4,8	4,8	2,0	1,0	1,0	—	1,4	1,0	2,5

Tabelle 7

Speichertyp	Anzahl der erfaßten Lager	% von der Gesamtzahl der erfaßten Lager
Karbonatische	70	24,8
Davon Riffkalke und -dolomite	5	1,8
Sande und Sandsteine	120	43
Aleurolite	10	3,5
Gemischte (Wechselfolge sandig-aleuritisch-toniger Gesteine)	80	28,7
Insgesamt	280	100

Tabelle 8

	Anzahl der erfaßten Lager							
	Devon	Karbon	Perm	Trias	Jura	Kreide	Paläogen	Neogen
1. Russische Tafel	39	171	71	7	11	26	34	84
2. Westsibirische Tiefebene	—	—	—	—	4	9	—	—
3. Ostsibirische Tiefebene	—	—	—	—	5	—	—	—
4. Mittelasiatische Tafel	—	—	—	—	6	18	2	—
5. Zwischensenken und Senken	—	—	—	—	—	14	11	60
Insgesamt	39	171	71	7	26	67	47	144
% der Gesamtzahl	6,8	30,0	12,5	1,2	4,6	11,5	8,2	25,2

Lagerstätten. In 81 von diesen Lagerstätten wechseln Gaslager mit Erdöllagern, und nur in 40 waren Gas und Erdöl in einer Schicht, d. h., es existierte eine Gaskappe. Die Gewinnung nur relativ kleiner Gasmengen ist somit an die Erdölförderung gebunden.

Die Zugehörigkeit der Gaslagerstätten zu den einzelnen Lagerstättentypen zeigt Tab. 5.

Die Mehrzahl der Gaslagerstätten weist nur eine produktive Schicht oder eine kleine Anzahl auf. 81,5% der Lagerstätten umfassen bis zu vier Schichten, fast 40% nur eine. Nach der Anzahl der produktiven Schichten gruppieren sich die Lagerstätten wie in Tabelle 6 dargestellt.

Für 280 Gaslager wurden die Speicher untersucht. Tab. 7 zeigt ihre Zugehörigkeit zu den wichtigsten Typen.

Nicht uninteressant ist hier der Vergleich mit den 1956 von G. KNEBEL veröffentlichten Daten für Erdöl. 59% aller Erdölvorräte sind danach an Sande und Sandsteine gebunden, 40,2% an Kalke und Dolomite und 0,8% an andere Speicher.

Tabelle 9

Mächtigkeit der Gasführung von – bis, in Meter	Anzahl der erfaßten Lager	% von der Gesamtzahl der Lager
bis 10	19	9,0
10– 30	87	40,6
30– 70	47	22,0
70–100	20	9,5
100–150	13	6,1
150–200	12	5,7
200–500	10	4,7
über 500	5	2,4
Insgesamt	213	100

Anzeichen für eine Gasführung wurden in der UdSSR in Sedimenten des Kambriums bis zur Gegenwart festgestellt. Die Mehrzahl der Lager (281) gehört allerdings den oberpaläozoischen Sedimenten an, 100 denen des Mesozoikums und 191 dem Känozoikum. Tab. 8 gibt die stratigraphische Gruppierung der Lager mit freiem Gas.

Tabelle 10

Absol. freie Gasabgabe von – bis, in 1000 Nm³/Tag	Anzahl der erfaßten Lager in den Gaslagerstätten der UdSSR	% von der Gesamtzahl der Lager
bis 10	6	2,6
11– 100	36	15,6
101– 500	73	31,7
501–1000	36	15,6
1001–1500	35	15,2
1501–2000	18	7,9
2001–3000	8	3,5
3001–4000	10	4,4
über 4000	8	3,5
Insgesamt	230	100

Die Mehrzahl der Gaslagerstätten der UdSSR weist nur eine geringe Mächtigkeit der Gasführung auf: 81,1% weniger als 100 Meter und fast 50% weniger als 30 Meter. In Tab. 9 sind diese Angaben für 213 Gaslager zusammengestellt.

Die Verteilung der Gaslager nach der Größe der absoluten freien Abgabe zeigt Tabelle 10.

Fast 50% aller Lager liegen somit unter 500000 Nm³/Tag.

Aus diesen Daten folgt, daß die Gaslagerstätten der DDR sowohl hinsichtlich ihrer Vorräte als auch im Hinblick auf die Höhe ihrer Förderraten keineswegs so unbedeutend sind, wie zuweilen angenommen wurde. Die Aussichten in der DDR, Riesenlagerstätten an Erdgas zu finden, sind nicht groß. Das ergibt sich nicht nur aus der geologischen Situation in der DDR, sondern auch aus der Statistik, wenn man von den oben angeführten Daten der Tab. 4 ausgeht. Geringe Aussichten auf die Entdeckung solcher Lagerstätten bieten offensichtlich nur die Schichten des Präperms.

Geologische Aufgaben bei der Untersuchung des Erdinnern[1)]

D. I. SCHTSCHERBAKOW & G. D. AFANASJEW

Referiert von WOLFGANG OESTREICH, Berlin

Nach kurzer Charakteristik verschiedener älterer kosmogonischer Vorstellungen (KANT-LAPLACE u. a.) legen sich die Verf. recht eindeutig auf die von JU. O. SCHMIDT verfochtene These der Erdentstehung (durch Verdichtung von Meteoritensubstanz) fest. Danach soll die Erde ihren Wärmeverlust durch Zerfall radioaktiver Elemente selbst regenerieren.

Zum Problem der ozeanischen Senken und der Kontinente wird gesagt, daß die Ozeanböden keine gleichmäßigen trogförmigen Einsenkungen darstellen. Bekanntlich existieren neben den „Hauptstrukturelementen erster Ordnung", den Kontinenten und Ozeanböden, noch gewaltige untermeerische Ketten vom Typ der mittelatlantischen Schwelle sowie die sogenannten Inselbögen. Die Schwellen werden von grabenartigen Längssenken, die Inselbögen von Tiefseegräben begleitet. Tiefseegräben sollen sich auch au. den Kontinenten fortsetzen und nicht nur auf den Ozeanboden beschränkt sein. Nach den Verf. ist es deshalb wissenschaftlich nicht vertretbar, die Tektonik der einzelnen Kontinente losgelöst von der Tektonik des Ozeanbodens zu studieren.

Die MOHOROVIČIČ-Diskontinuität, welche die Grenze zwischen Erdkruste und Erdmantel markiert, liegt bei den Kontinenten 30–60 km unter der Oberfläche – der letztgenannte Wert ist typisch für Gebirgsgebiete – und 6–8 km unter dem Ozeanboden.

Die Ursachen für das wechselnde Niveau der genannten Diskontinuität sind nicht in einer Veränderung der Zusammensetzung der entsprechenden „Schichten" zu suchen, sondern in den spezifischen Zügen des physikalischen Stoffbestandes der Erdkruste unter Kontinenten und Ozeanen. Die Lösung der Grundfragen der Geologie: Entstehung der Erdkruste, des Magmas, der

[1)] Aus: Nachr. Akad. Wiss. UdSSR, Geol. Reihe, Nr. 10, 1961, S. 3–12

Erzlagerstätten, der Ursachen katastrophischer geologischer Ereignisse u. a. ist in den Tiefen des Erdmantels zu suchen. In Tiefen von 150—200 km sind nochmals Schichten verringerter Geschwindigkeit von Erdbebenwellen nachzuweisen (GUTENBERG-Schicht). Es ist anzunehmen, daß aus dieser Tiefe die Magmen emporsteigen.

Die Verf. behandeln weiterhin die von der Internationalen Geodätisch-Geophysikalischen Union im Jahre 1960 vorgeschlagenen Untersuchungen zum Studium der oberen Teile des Erdmantels. Im Rahmen dieser Untersuchungen wurde im März 1961 von den USA eine experimentelle Tiefbohrung von einem Schiff aus angesetzt, mit dem Ziel, die Ausrüstung und die Technik für das später zu realisierende Mohole-Projekt zu überprüfen[2]). Die wichtigste Aufgabe dieses Projekts besteht darin, die Erdkruste im Ozeanboden zu durchteufen, um die Zusammensetzung und die physikalischen Eigenschaften ihrer Schichten bestimmen zu können. Diese Versuchsbohrung wurde bei der Insel Guadeloupe niedergebracht. Die Bohrung durchteufte 150 m Lockersedimente und stieß dann auf basaltische Gesteine. Eine der Akademie der Wissenschaften der UdSSR übersandte und im IGEM[3]) untersuchte Probe ergab, daß es sich um Augitbasalt handelt. Hinsichtlich der Untersuchung des Erdinnern unter den Kontinenten geben die Verf. folgende Probleme an, die in der nächsten Zeit bearbeitet werden müssen: a) Magmatismus und Tiefenbau der Erdkruste (durch Studium verschiedenaltriger und verschiedenartiger petrographischer Provinzen von Tafeln und Faltengebieten), b) Genese der Eruptivgesteine (durch experimentelle Untersuchungen silikatischer Systeme bei hohen Drücken und Anwesenheit von Fluida), c) Klärung der Zusammenhänge zwischen Magmatismus und endogener Mineralisation (durch komplexe geologisch-petrographisch-geochemische Untersuchung magmatischer Formationen), d) radiogeologische Untersuchungen der Gesteine zwecks Aufstellung einer absoluten geochronologischen Zeittafel.

[2]) S. auch die Information von R. MEINHOLD über das Mohole-Projekt: Z. angew. Geol., Heft 6, Berlin 1962.

[3]) Institut für Geologie der Erzlagerstätten, Mineralogie, Petrographie und Geochemie bei der Akademie der Wissenschaften der UdSSR

Für die Erdölerkundung und -gewinnung werden übertiefe Bohrungen von 10—12 km Teufe projektiert. Diese Bohrungen geben ferner die Möglichkeit einer Nutzung der Erdwärme sowie zur Untersuchung der physikalischen Eigenschaften der angetroffenen Gesteine. Sie gestatten damit eine Korrektur seismischer und anderer geophysikalischer Kennwerte.

Die Verf. fordern mit Nachdruck die Anfertigung tektonischer Karten, die in Ergänzung der üblichen geologischen Karten die Strukturverhältnisse im Rahmen der historischen Entwicklung zeigen. Tektonische Karten sind auch für die Anfertigung metallogenetischer und prognostischer Karten von erheblicher Bedeutung.

Zum Abschluß zählen die Verf. noch eine Reihe notwendiger experimenteller Untersuchungen auf, besonders von Silikatschmelzen und Mineralsystemen bei verschiedenen p-t-x-Bedingungen. Hingewiesen wird auf den Zusammenhang zwischen kosmischen Erscheinungen und der geologischen Entwicklung der Erde; gefordert wird eine enge Zusammenarbeit zwischen Geologie und Astronomie.

A. D. SCHTSCHEGLOW

Geologische und genetische Hauptkennzeichen der Fluoritlagerstätten in Westtransbaikalien[1])

Referiert von HEINZ SCHULZ, Gera

Die Fluoritmineralisation in Transbaikalien wurde erstmalig am Ende des 18. Jahrhunderts bekannt, als P. S. PALLAS (1778) und W. SIEVERS (1796) ihre Reisetagebücher veröffentlichten und Fluoritfunde im Tal des Flusses Ubukun erwähnten.

Die ersten Flußspatlagerstätten wurden jedoch erst am Anfang unseres Jahrhunderts im Becken des Flusses Dshida aufgeschlossen. In den folgenden 15 Jahren konnten durch geologische Erkundungsarbeiten auf dem Territorium Burjatiens zahlreiche Erzvorkommen und Fluoritlagerstätten aufgefunden werden, deren Untersuchung noch nicht restlos abgeschlossen ist. Die vorhandenen Fakten erlauben aber bereits einige Schlußfolgerungen über die geologischen Besonderheiten und die Genesis der Fluoritlagerstätten Westtransbaikaliens. Diese unterscheiden sich ganz bedeutend von den nach ihrer Zusammensetzung analogen Lagerstätten Osttransbaikaliens und bilden ihrem Wesen nach eine neue Fluoritprovinz Ostsibiriens.

[1]) Aus: „Geologie der Erzlagerstätten", H. 3/61, S. 51—69, 12 Abb.

Verf. charakterisiert die Lagerstätten wie folgt:

1. Lagerstätten und Vorkommen von Flußspat sind in Westtransbaikalien weit verbreitet. Sie werden hauptsächlich in der kaledonischen Faltungszone angetroffen, während sie im Bereich der baikalischen Faltungen gering entwickelt sind. In den variskischen Strukturen sind Flußspatlagerstätten unbekannt.

2. Die Flußspatlagerstätten in Westtransbaikalien stellen epithermale Quarz-Fluoritbildungen (250—90 °C für Flußspat) dar, die aus sauren Hydrothermen gebildet wurden. Diese Lagerstätten besitzen eine einfache Mineralisation, die folgende Besonderheiten und Mineralverteilung aufweist:

deutlich überwiegend	Quarz
in großen Mengen	Fluorit
in deutlichen Mengen	Hämatit, Kaolinit, Kalzit
in geringen Mengen	Apatit, Pyrit, Bleiglanz, Kupferkies (Zinkblende?)
selten	Nakrit

3. Die wichtigste Gesetzmäßigkeit in der Verteilung der Fluoritlagerstätten Transbaikaliens besteht darin,

daß sie mit großen regionalen Brüchen verbunden sind, die sich auf mesozoische, mit kohleführenden Ablagerungen (Mittlerer Jura bis Unterkreide) ausgefüllte Depressionen beschränken. Die Lagerstätten sind in den Randgebieten der Depressionen an den Grenzen metamorpher präkambrischer Gesteinsblöcke konzentriert. Im Bereich der baikalischen Faltung wird die Lokalisation der Flußspatlagerstätten durch Bruchstörungen bestimmt, die offensichtlich mit nichtmesozoischen Depressionen verknüpft sind.

4. Die westtransbaikalischen Fluoritlagerstätten haben postunterkretazisches, möglicherweise tertiäres Alter und stellen die jüngsten Erzbildungen in dieser Provinz dar.

5. Die Flußspatlagerstätten sind paragenetisch mit postunterkretazischen Alkali-Syeniten verbunden. Quarz-Fluoritgänge wurden räumlich mit derartigen Gesteinsgängen eng verknüpft, in einigen Fällen gehören sie der gleichen Störungszone an. Für Alkali-Syenite ist ein erhöhter Fluorgehalt charakteristisch (akzessorischer Fluorit). Man beobachtet auch direkte Übergänge von Mikrosyenitapophysen zu Quarz-Feldspatgängen mit Fluorit. Die Anwesenheit von Fluorit in den Feldspatanreicherungen und den Endschaften von Quarz-Feldspatgängen schwacher Na-Mikrosyenitapophysen, aber auch die teilweise räumliche Verknüpfung der Quarz-Fluoritgänge mit den Gesteinsgängen weisen auf eine enge Verbindung der Fluoritmineralisation mit den postunterkretazischen subalkalischen Gesteinen hin.

Beachtenswert sind die durch Spektralanalyse festgestellten Gehalte der subalkalischen Gesteinsgänge, mit welchen die Fluoritlagerstätten assoziiert sind: Ti (3—0,3%); Co (0,01—0,001%); Ni (0,01—0,001%); Cr (0,03—0,1%) und V (0,01—0,001%). Diese Elemente sind bekanntlich typisch für basische Gesteine. Ihre Anwesenheit in den fluoritführenden subalkalischen Syenitgängen bestätigt die Zugehörigkeit zu einem komplizierten Komplex postunterkretazischer subalkalischer basischer Intrusiva.

6. Viele Fluoritlagerstätten Westtransbaikaliens wurden im Verlaufe mehrerer Mineralisationsstadien gebildet. Für die wiederholte Öffnung der Spaltenhohlräume während der Erzablagerung spricht die weite Verbreitung von Brekzien- und Bänderstrukturen. Man kennt in Westtransbaikalien vier verschiedene Mineralisationsstadien, die aber nicht auf jeder einzelnen Lagerstätte auftreten müssen:

a) Das erste Stadium bildet Trümer von Palisadenquarz mit Kalzit, die das Nebengestein (Porphyrite) des Erzkörpers mit einem engen Netz durchsetzen, wobei sie dieses intensiv verquarzen.

b) Das zweite Stadium tritt in Form von Quarz-Fluorit- und monomineralischen Fluorittrümern und -gängen auf. In Gängen dieses Stadiums ist Flußspat immer in den zentralen Bereichen vorhanden, während in den randlichen Gangpartien Palisadenquarz überwiegt oder um Nebengesteinsbruchstücke Kokardenstrukturen bildet. Fluorite dieses Stadiums besitzen verschiedene Färbungen von dunkelviolett, violett, grün bis zu seltenem Gelb und Grau.

c) Im dritten Stadium sind Chalcedontrümer typisch, diese können gelegentlich in Palisadenquarz übergehen. Gleichzeitig enthalten sie Flußspatbruchstücke und ausgezeichnete parallelrhythmische Bänderstrukturen, die offensichtlich im kolloidalen Zustand gebildet wurden.

d) Das vierte, abschließende Stadium besteht aus kleinen, wenige Zentimeter mächtigen chalcedonartigen Quarztrümern mit etwas Hämatit.

Zur Diskussion über das geologische Fernstudium[1]

FRIEDRICH STAMMBERGER, Berlin

1. Zu unserer Wissenschaft

Vorab möchte ich zu Fragen Stellung nehmen, die in den Beiträgen von R. HOHL, W. WAMSER und K. v. BÜLOW aufgegriffen wurden, jedoch nicht im gleichen Maße die Hauptfrage, d. h. die Möglichkeit oder Unmöglichkeit des Erwerbs einer bestimmten geologischen Qualifikation durch Fernstudium, berühren.

a) Es erscheint mir vor allem wesentlich, hervorzuheben, daß nach meiner Meinung nicht jeder Mensch mit Hochschulbildung ein „Wissenschaftler" ist. Zunächst besitzt er doch lediglich eine entsprechende Ausbildung, ein bestimmtes geologisches Wissen. Die Anwendung dieser Qualifikation und der erworbenen Kenntnisse zur Lösung einer Aufgabe braucht ebenfalls noch keine wissenschaftliche Tätigkeit zu sein (selbst wenn sie auf wissenschaftlichen Grundlagen durchgeführt wird). Der Geologe wird zum Wissenschaftler m. E. erst dann, wenn er das System unserer Kenntnisse (d. h. unserer Wissenschaft) und ihrer spezifischen Methoden mehrt oder spürbar verändert. Der Beruf eines Wissenschaftlers kann daher nicht auf Hochschulen gelernt werden. Dort kann der Student nur wissenschaftliche Grundlagen bzw. unabdingbare Voraussetzungen erwerben, die zwar notwendig, jedoch für einen „Wissenschaftler" nicht ausreichend sind. Dazu gehört mehr, u. a. „persönliche Neigung und Eignung" (WAMSER). Die Gleichung: Wissenschaftler = akademisch Gebildeter geht leider nicht auf. Die nächste Bemerkung bezieht sich auf den Gegenstand unserer Wissenschaft.

b) In den obengenannten Beiträgen wird m. E. zu allgemein die „Geologie" untersucht. Diese Wissenschaft existiert heute doch entweder nur noch als Sammelbezeichnung für eine lange Reihe selbständiger Wissenschaften oder erhält konkreten Inhalt durch erläuternde Beiworte. Die Spezialisierung hat vor der „Geologie" nicht haltgemacht.

Daneben hat sich seit mehreren Jahrzehnten international noch eine weitere Entwicklung angebahnt, die besonders am Beispiel der Lagerstättenlehre gut zu beobachten ist. Der Gegenstand der traditionellen, klassischen Lagerstättenlehre wird mehr und mehr auf

[1]) Eingang des Manuskripts in der Redaktion: 9. 7. 62

die allgemeine Theorie der Lagerstättengenese, die Gesetzmäßigkeiten in der Verbreitung der Lagerstätten und ihre Klassifikation nach Lagerstättentypen (meist auf genetischer Grundlage) mit der Beschreibung einzelner Lagerstätten beschränkt. Gleichzeitig werden in fast allen Ländern Anstrengungen unternommen, die bisherige Erfahrung beim Aufsuchen und Erkunden von Lagerstätten, ihrer Untersuchung und Bewertung zu systematisieren, allgemeingültige Schlußfolgerungen zu ziehen und die betreffenden Verfahren zu vervollkommnen. Dieser Zweig unseres Wissens, der auf den Ergebnissen der Lagerstättenkunde im engeren (genetischen) Sinne aufbaut und stark durch ökonomische Faktoren beeinflußt wird, nimmt immer mehr Züge einer selbständigen Wissenschaft an und ist in der UdSSR bereits zu einer solchen geworden.

Es wäre verfehlt, wollte man diese Entwicklung nur auf besondere fachliche Neigungen oder Eigenarten der sowjetischen Lagerstättenforscher zurückführen. Die Ursache hierfür ist vielmehr darin zu suchen, daß die rasche Erweiterung der sowjetischen Rohstoffbasis nur möglich war, weil die geologische Erkundung aus der Kunst einzelner zum Können vieler gemacht, die geologische Erkundung als Wissenschaft gelehrt und damit für alle Fähigen zugänglich wurde.

Diese Entwicklung ist m. E. auch bei uns unvermeidlich. Die Frage ist nur die, ob wir diese Entwicklung bewußt unterstützen oder sie als unerwünscht aufzuhalten versuchen. Und nur in diesem Aspekt steht das Problem der Praxis und die ausgesprochene Forderung, die Hochschulausbildung stärker deren Erfordernissen anzupassen. Um jedes Mißverständnis auszuschalten, sei betont: Der in der DDR meiner Meinung nach dringend benötigte Erkundungs- und Montangeologe braucht „Stratigraphie und Tektonik, Mineralogie und Paläontologie, Kartenzeichnen und Kenntnis von Sprachen“ (v. BÜLOW) und „manches andere“. Das ist seine unerläßliche Grundlage, und er muß sie beherrschen in dem Umfang, wie sie unerläßlich ist. Daneben braucht er Kenntnisse über die Methodik des Aufsuchens und der Erkundung, der Bemusterung, der Organisation und der Erkundungsplanung, er braucht Grundkenntnisse der Geophysik, der Geochemie, des Bohrwesens und einfacher bergmännischer Arbeiten. Er muß seine erkundeten Vorräte berechnen und industriell einschätzen können und „manches andere“ mehr. Die Erfahrung zeigt, daß unsere derzeitigen Absolventen keineswegs — wie v. BÜLOW schreibt — „jeder Aufgabe gewachsen“ sind, die an sie in ihrer Berufstätigkeit herantritt.

In dieser Frage kann ich daher weder v. BÜLOW noch R. HOHL zustimmen, die sich nach wie vor auf die Ausbildung von sogenannten „allround“-Geologen orientieren. Ich bin überzeugt, daß eine entsprechende Umfrage bei den in der Industrie und der Staatlichen Geologischen Kommission eingesetzten Geologen (Absolventen unserer Hochschulen nach 1945) mir recht geben würde.

2. Zum Fernstudium

Bei uns, insbesondere bei den Hochschulprofessoren, herrscht allgemein die Überzeugung vor, daß die Ausbildung von Diplom-Geologen im Fernstudium in der Regel unmöglich ist. Wenn ich hier eine gegenteilige Meinung vertrete, so spricht gegen mich, daß ich noch keinen einzigen Geologen ausgebildet habe. Zu meinen Gunsten argumentiert allerdings die Tatsache, daß das Vielfache der Geologen, die insgesamt seit 1945 und an allen Hochschulen in der DDR absolviert haben, in der UdSSR im Fernstudium ausgebildet wurde. Ich möchte hier nicht deutsche Meinungen und sowjetische Erfahrungen einander gegenüberstellen, sondern lediglich in knapper Form überprüfen, ob die Möglichkeit zur Ausbildung von Erkundungs- (Montan-) Geologen im Fernstudium besteht.

a) Die Fernstudenten

Für das Fernstudium sollten nur solche Bewerber angenommen werden, die praktisch im Bergbau bzw. in der geologischen Erkundung tätig sind. Die Bewerber müßten vom Betrieb hinsichtlich ihrer Eignung charakterisiert und zum Studium delegiert werden. (Damit übernimmt der Betrieb zugleich bestimmte Verpflichtungen.)

Wer tatsächlich das Fernstudium, 5—6 Jahre, durchhält und das Lehrprogramm erfüllt, hat mindestens einen Beweis erbracht: daß er arbeiten kann, Energie und Willensstärke besitzt. Das sind wertvolle Eigenschaften, die das Direktstudium nicht oder nur in geringerem Maße bei den Studenten entwickeln kann.

b) Übungen, Praktika und Exkursionen

Laut gesetzlichen Vorschriften wird der Fernstudent einschließlich der Sonn- und Feiertage für die Dauer von über zwei Monaten von der Arbeit für sein Studium freigestellt. Bei guter Lehrorganisation läßt sich damit viel anfangen. (In der UdSSR reicht diese Zeit vollauf aus.) Die „lebendige Anschauung“ eines z. B. in der geologischen Erkundung tätigen Fernstudenten ist ohne Zweifel besser als die wenigen Wochen Praktika der Direktstudenten. Auf einige dieser Praktika könnte für Fernstudenten wahrscheinlich ganz verzichtet, andere dagegen müßten vertieft durchgeführt werden. Dafür ist allerdings eine Voraussetzung zu schaffen: Konzentration der Studenten an einer oder an wenigen Hochschulen, damit Biologie, Chemie usw. „für Geologen“ gelesen werden können und der Geologiestudent nicht den Wissensstoff für Landwirte oder Chemiker verarbeiten muß.

c) Spezialisierung

Uns tut Spezialisierung auch auf dem Gebiet der Geologie not. Nur wenn man „Erdölgeologie“ nicht von Regionalgeologie unterscheidet, reichen Stratigraphie, Sedimentpetrographie, Tektonik und Paläontologie aus, um „in kurzer Zeit auch ‚Erdölgeologe‘ werden zu können“. Die bereits vollzogene Einrichtung einer Fachrichtung Erdölgeologie an der BA Freiberg spricht in dieser Hinsicht für sich.

Wir brauchen selbstverständlich Ingenieur-, Hydro-, Bodengeologen und andere Spezialisten. Ich bezweifle jedoch, ob unser Bedarf in jedem Falle zur Errichtung eigener Ausbildungsstätten berechtigt. Wir brauchen ganz dringend und in großer Zahl Erkundungs- und Montangeologen. Ihre Ausbildung sollte daher unbedingt organisiert werden, am besten an der BA

Freiberg. Ein gangbarer Weg wäre u. a. auch das Fernstudium.

Im Unterschied zu den in dieser Zeitschrift geäußerten Auffassungen bin ich somit der Meinung:

1. daß ein geologisches Fernstudium („reines") möglich und notwendig ist;
2. daß hierfür bereits in der Praxis tätige Absolventen der Fachschulen (nach etwa zweijähriger praktischer Tätigkeit) und Abiturienten (nach drei- bis fünfjähriger praktischer Tätigkeit auf geologischem Gebiet) von den Betrieben delegiert werden sollten;
3. daß dieses Fernstudium an der BA Freiberg organisiert und dort Erkundungs- bzw. Montangeologen (für die Industrie) ausgebildet werden sollten.

Ferner wende ich mich dagegen, in jedem Hochschulabiturienten einen „Wissenschaftler" zu sehen oder gar „Wissenschaftler" an den Hochschulen ausbilden zu wollen. Sie sind Wissenschaftler nicht mehr als z. B. Ärzte, Chemiker, Bergingenieure usw.

3. Zur „Praxis"

Abschließend seien noch einige Bemerkungen zur Auffassung der „Praxis" bei v. BÜLOW gestattet. Er schreibt:

„Praxis ist für den Geologen nicht nur Prospektierung und Erdölgeologie, nicht nur Ingenieur- und Bodengeologie, Tiefbohrtechnik und Kartierung. Nein, Praxis ist: Stratigraphie und Tektonik, Mineralogie und Paläontologie, Kartenzeichnen und Kenntnis von Sprachen, einschließlich der deutschen. Denn dies alles und manches andere, das ‚unpraktisch' oder zweckfrei scheint, ist die Grundlage, die unerläßliche Voraussetzung für die Ausübung der Praxis."

VON BÜLOW ist unter uns Geologen als Meister des Stils und der Sprache bekannt. Wenn bei ihm — siehe vorg. Zitat — etwas Voraussetzung für die Ausübung der Praxis und zugleich diese Praxis selbst ist, so liegt das zweifellos an der unscharfen Fassung des Begriffs „Praxis" durch den Autor. Nur so ist es auch zu erklären, wenn später der Unterschied zwischen Theorie und Praxis (wozu dann überhaupt zwei Begriffe) m. E. verwischt und „jeder Wissenschaftler" und insbesondere der an der Hochschule ausgebildete Diplom-Geologe zu einem „Auch-Praktiker" wird. Wir werden uns besser verstehen, wenn wir vorhandene Unterschiede nicht verwischen, sondern möglichst präzis zu formulieren versuchen.

Wenn eine „reine" Wissenschaft zur „angewandten" wird (z. B. angewandte Mathematik), hört sie nicht auf, Wissenschaft zu sein und beginnt nicht, „Praxis" zu werden. Unter Wissenschaft verstehen wir gemeinhin die systematische Zusammenfassung und Verallgemeinerung unserer Kenntnisse auf einem bestimmten Gebiet, einschließlich ihrer spezifischen Arbeitsmethoden. Unter Praxis in unserem (nicht philosophischem) Sinne verstehen wir die menschliche Tätigkeit, die unmittelbar auf die Nutzbarmachung der Natur und ihrer Kräfte für den Menschen gerichtet ist (wobei die Ergebnisse der Wissenschaften keine geringe Rolle spielen).

Die verschiedenen Praktika und Übungen im Lehrbetrieb der Hochschule können bei einer solchen Betrachtungsweise unschwer von der echten „Praxis" unterschieden werden. Selbstverständlich können, wie v. BÜLOW richtig hervorhebt, an den Hochschulen nur die „Grundlagen der praktischen Ausübung" gelehrt werden. Doch ich wende mich entschieden gegen die bisherige Einengung der als „Grundlagen" anerkannten Disziplinen. Jahrelange praktische Erfahrung beweist, daß die Auffüllung der Ausbildungslücken für fast ausnahmslos alle Absolventen, die in der Industrie und in der geologischen Erkundung eingesetzt werden, recht schwierig und z. T. recht langwierig war.

Literatur

BÜLOW, K. v.: Geologie im Fernstudium? — Z. angew. Geol., 8, H. 8 Berlin 1962.
HOHL, R.: Geologie und Fernstudium? — Z. angew. Geol., 8, H. 2, Berlin 1962.
WAMSER, W.: Zur Frage des Fernstudiums in der Geologie. — Z. angew. Geol., 8, H. 2, Berlin 1962.

Zu Fragen geologischer Terminologie und Klassifikation (II)[1]
Der Begriff Fazies (1. Teil)

DIETRICH FRANKE, Berlin

(Mitteilung aus dem Zentralen Geologischen Institut, Berlin)

Einleitung

Zu Zeiten J. G. LEHMANNS, G. CHR. FÜCHSELS und A. G. WERNERS nahm man noch an, daß alle gleichartigen Gesteinsbildungen auch gleichzeitig entstanden seien. Doch schon zu Beginn des 19. Jahrhunderts machten H. STEFFENS (1810), J. v. CHARPENTIER (1815), K. v. RAUMER (1819), A. v. HUMBOLDT (1823), C. PRÉVOST (1825, 1826) u. a. darauf aufmerksam, daß „in der Geognosie nicht bloß Bildungszeiten, sondern auch Bildungsräume zu berücksichtigen sind, weil sich zur gleichen Zeit in verschiedenen Gegenden höchst ungleichartige Bildungen erzeugt haben, Bildungen, welche nach WERNERscher Ansicht verschiedenen Epochen angehören müßten — dagegen gleichartige Bildungen verschiedener Gegenden, welche nach WERNER als Bildungen derselben Epoche zu betrachten wären, Erzeugnisse verschiedener Zeiten sind" (K. v. RAUMER 1819). Man erkannte also bereits damals, daß Gesteine gleicher petrographischer Beschaffenheit nicht immer im gleichen stratigraphischen Niveau auftreten und umgekehrt verschiedene Gesteinstypen dasselbe Alter besitzen können. „Indem man die Formationen mehr oder minder entfernter Lande vergleicht, ... muß man nicht darauf bestehen, jedem Gestein eine parallele Felsart gegenüber stellen zu wollen", schrieb 1823 A. v. HUMBOLDT und war fest davon überzeugt, daß „diese Untersuchungen vergleichender Geognosie ... noch für lange Zeit die Forschkraft der Gebirgs-Kundigen beschäftigen" werden.

Ihren ersten großen Aufschwung erfuhr die „vergleichende Geognosie" durch die Arbeiten C. PRÉVOSTS (1838) und A. GRESSLYS (1836, 1838). Beide stellten etwa zur gleichen Zeit, jedoch völlig unabhängig voneinander, fest, daß „à chaque dépôt pélagien doivent correspondre synchroniquement des dépôts littoraux, fluvio-marins, fluviatiles, terrestres etc., et vice versa". C. PRÉVOST bezeichnete diese den paläogeographischen Bildungsbedingungen nach einheitlichen Gesteinskomplexe als „formations", A. GRESSLY das den verschiedenen „formations" in petrographischer, paläontologischer, textureller u. a. Hinsicht eigene Erscheinungs-

[1]) Eingang des Manuskripts in der Redaktion: 20. 7. 1962

bild als „facies ou aspect". Hier tauchte der bereits 1669 von N. STENO in die geologische Literatur — allerdings in einer anderen Bedeutung — eingeführte Ausdruck „Fazies" wahrscheinlich[2]) zum ersten Mal wieder auf.

Schon von A. GRESSLY nicht exakt definiert, wurde dieser „Begriff" in der Folgezeit derart unterschiedlich gebraucht, daß er heute nur noch einen äußerst indifferenten Inhalt zu vermitteln vermag. Die zahlreichen „Präzisierungsversuche" führten in den meisten Fällen lediglich dazu, daß seine ursprüngliche Bedeutung mehr und mehr verwischt und entstellt wurde. Die geologische Praxis zwingt uns aber, insbesondere im Hinblick auf die ständig zunehmende internationale Zusammenarbeit, die Begriffe klar zu definieren und einheitlich anzuwenden. Um dies für den gleichwohl viel- wie nichtssagenden Ausdruck „Fazies" zu erreichen, ist es zunächst notwendig, sowohl den ursprünglichen Begriffsinhalt als auch den später einsetzenden mannigfaltigen terminologischen Mißbrauch, der mit diesem Wort bewußt und unbewußt getrieben wurde und noch heute wird, aufzuzeigen. Im Teil 3 dieser Arbeit wird dargelegt, welche Schlußfolgerungen nach Ansicht des Verf. und anderer Mitarbeiter des Zentralen Geologischen Instituts aus dieser Analyse gezogen werden sollten.

Der Begriff „Fazies" in der geologischen Literatur Mittel- und Westeuropas

Der Terminus „Fazies" ist einer der ältesten in der Geologie. Schon N. STENO gebrauchte ihn 1669 in seiner „De solido intra solidum naturaliter contento". Sechs „distinctae facies", sechs verschiedenartige und -alte „Erscheinungsbilder" der Erdoberfläche werden hier unterschieden, „... zweimal vom Wasser bedeckt, zweimal eben und trocken und zweimal uneben ...". Leider wurde N. STENOs Werk von seinen Zeitgenossen nur wenig beachtet und wäre wohl vollkommen in Vergessenheit geraten, hätte nicht 1831 E. DE BEAUMONT durch die französische Übersetzung dieser Arbeit die Nachwelt mit den für die damalige Zeit außerordentlich modernen Gedankengängen dieses Forschers vertraut gemacht.

Obgleich es nicht völlig ausgeschlossen ist, daß A. GRESSLY (1836, 1838) den Ausdruck „Fazies" aus dieser alten Schrift übernahm, ist dies doch recht unwahrscheinlich, da er dort einen anderen Inhalt besitzt. A. GRESSLYs Faziesbegriff ist etwas Neues. Er spiegelt die zu Beginn des 19. Jahrhunderts gewonnenen Erkenntnisse über das Wesen der Sedimentationsvorgänge wider.

Bei seinen „Observations géologiques sur le Jura Soleurois" begnügte sich A. GRESSLY nicht damit, eine Anzahl vertikal aufeinanderfolgender Abteilungen auszuscheiden, sondern

„verfolgte jede stratigraphische Einheit[3]) auch in der Horizontalen so weit wie möglich, um alle ihre Veränderungen zu untersuchen".

Es gelang ihm dabei

„in der horizontalen Ausdehnung jeder stratigraphischen Einheit verschiedene Modifikationen zu erkennen, die sowohl im Hinblick auf ihre petrographische Zusammensetzung als auch im Hinblick auf ihre paläontologischen Besonderheiten in der Fossilansammlung gleichbleibende Merkmale aufweisen und von eigenen, nur gering veränderlichen Gesetzen beherrscht werden".

Die Summe dieser Modifikationen nannte A. GRESSLY „facies ou aspects de terrain". Wie schon A. v. HUMBOLDT (1823) u. a. vor ihm, erkannte auch er, daß die unter gleichen Bildungsbedingungen entstandenen Gesteinskomplexe einer stratigraphischen Einheit meist die gleichen Fossilien besitzen und daß mit einem Wechsel derselben auch eine Veränderung im Fossilinhalt eintritt.

„Wenn es zufällig vorkommen sollte, daß eine besondere, für eine bestimmte Fazies charakteristische Gattung oder Art auch in einer anderen Fazies auftritt, so ist diese dann in der Regel weit weniger häufig, weniger gut entwickelt und weniger charakteristisch ...". Dagegen können sich „die organischen Formen der Fossilien in analogen Fazies einander sehr stark ähneln, selbst wenn sie in verschiedenen stratigraphischen Einheiten vorkommen ...".

Die Ursachen der Fazieswechsel sah A. GRESSLY in den zur gleichen Zeit in verschiedenen Ablagerungsräumen herrschenden unterschiedlichen Sedimentationsbedingungen. Die diesen zugrunde liegenden Gesetzmäßigkeiten faßte er wie folgt zusammen:

1. „Jede Fazies einer stratigraphischen Einheit besitzt ganz bestimmte petrographische, geognostische und paläontologische Merkmale, die sich grundlegend von den Merkmalen anderer Fazies des gleichen geologischen Horizonts unterscheiden."
2. „Fazies gleicher petrographischer und geognostischer Beschaffenheit besitzen — selbst in verschiedenen stratigraphischen Einheiten — sehr ähnliche paläontologische Merkmale und setzen gewöhnlich quer durch eine Serie mehrerer, einander überlagernder stratigraphischer Einheiten hindurch."
3. „Manchmal besitzen die verschiedenen Fazies — in horizontaler Richtung — recht scharfe Grenzen, manchmal vermitteln gewisse Übergangszonen zwischen ihnen."
4. „Die Unterschiedlichkeit der Fazies nimmt in vertikaler Richtung in der gesamten Serie vom Liegenden zum Hangenden hin zu und verringert sich im gleichen Maße nach unten."
5. „Der Grad der Unterschiedlichkeit der Fazies kann sich in verschiedenen Gebieten ändern."

Mit Ausnahme des vierten „Faziesgesetzes", das nur lokal — wie zum Beispiel im Solothurner Jura — Anwendung finden kann, besitzen alle übrigen im Prinzip noch heute ihre allgemeine Gültigkeit.

Obwohl schon vor Erscheinen der „Observations géologiques sur le Jura Soleurois" die synchrone Veränderlichkeit in der Ausbildung der einzelnen Gesteinseinheiten und deren Ursachen erkannt wurden, war A. GRESSLY doch der Erste, der diese Gesetzmäßigkeiten mit solcher Prägnanz aufzeigte. Leider ging er bei der Definition des von ihm verwandten Ausdrucks „facies" nicht mit der gleichen Exaktheit zu Werke, denn „facies du terrain" im Sinne von „ensembles de modifications" stellt nur einen recht inhaltsarmen Begriff dar, der allen möglichen und unmöglichen Auslegungen freien Spielraum läßt. Aus seiner Arbeit selbst geht jedoch klar hervor, daß er unter „facies" das aus dem Gesteinscharakter, dem paläontologischen Inhalt, der Lagerungsart usw. gewonnene „paläogeographische Antlitz" einer Ablagerung verstand — „facies" ist also ein Abstraktum! Er unterschied so zwischen der Küsten- („facies littoraux', rivages, plages") und der Hochseefazies („facies pélagiques ou de haute mer") einerseits sowie den diesen untergeordneten „facies littoral vaseux, littoral corallin, subpélagique et de charriage" andererseits. Alle diese Fazies weisen auf die unterschiedlichen geographischen Bildungsbedingungen, die zur Zeit der Ablagerung des betreffenden Gesteinskomplexes herrschten, hin. So besagt „facies littoral", daß es sich um ein in der Küstenregion, der Ausdruck „facies pélagique", daß es sich um ein im offenen Meer gebildetes Sediment handelt. Faziesbestimmungen können deshalb nur Ergebnis eingehender petrographischer, paläontologischer, textureller u. a. Untersuchungen sein — die „Fazies" ist gewissermaßen die „geologische" Synthese aus einer Vielzahl „geognostischer" Analysen.

Zahlreiche „Faziesstudien" schlossen sich dem epochemachenden Werk A. GRESSLYs an (W. FUCHS 1844, C. PRÉVOST 1845, E. FORBES 1846 u. a.). Auch in den geologischen Lehr- und Wörterbüchern (B. v. COTTA 1846, C. F. NAUMANN 1854, D. PAGE 1859, H. CREDNER 1872, C. CONTEJEAN 1874, F. R. v. HAUER 1875 u. a.) wurde der „Fazies" der ihr gebührende Platz eingeräumt. Meist lehnte man sich bei der Definition dieses Begriffes eng an die von A. GRESSLY gegebene an. Zuweilen traten aber auch erste Abweichungen auf. So wurden zum Beispiel die petrographischen Gesteinsmerkmale bzw. die Gesteine selbst sehr oft als Fazies bezeichnet, obgleich schon 1879 E. v. MOJSISOVICS in seiner Arbeit über „Die Dolomit-Riffe von Südtirol und Venetien" darauf hinwies, daß es

„von Wichtigkeit ist, daran festzuhalten, daß der Begriff Facies die generellen Wechselbeziehungen zwischen den äußeren Bedingungen einerseits und dem Gesteinsmerkmal und den Wohnsitzen von Organismen andererseits ausdrückt" und nicht die Gesteinsmerkmale selbst als Fazies zu bezeichnen sind. Auch hob er hervor, daß „die Anwendung der Be-

---

[2]) Einige Autoren (besonders B. v. COTTA 1874, 1877) führen P. L. VOLTZ als den Begründer des Faziesbegriffs an. Die mit freundlicher Unterstützung von Herrn Dr. W. FISCHER, Stuttgart, angestellten Nachforschungen konnten allerdings den Beweis dafür nicht erbringen.

[3]) Das französische „terrain" wurde frei mit „stratigraphischer Einheit" übersetzt.

zeichnung Facies in allen Fällen vermieden werden muß, wo lediglich von geographischen Gegensätzen gehandelt wird", und daß, wie schon A. GRESSLY (1838) forderte, „diese Bezeichnung nur dann angewendet wird, wenn der Gegensatz verschiedenartiger Bildungen betont werden soll".

Von besonderer Bedeutung waren seine „chorologischen Abstufungen", d. h. seine Unterscheidung zwischen Bildungsmedien, Bildungsräumen und Faziesverhältnissen. Ablagerungen verschiedener Bildungsmedien (marin, terrestrisch usw.) nannte er „heteromesisch", die im gleichen Medium entstandenen „isomesisch". Als „isotopisch" bezeichnete er Sedimente desselben Bildungsraumes, der gleichen zoo- bzw. phytogeographischen Provinz, als „heterotopisch" solche verschiedener Bildungsräume. Die Fazies unterteilte er in „isopische" und „heteropische":

„Ebenso wie sich zu gleicher Zeit und nebeneinander im selben Raume verschiedenartige Facies bilden, erscheinen in verschiedenen Räumen (Provinzen) und zu verschiedenen Zeiten gleichartige Facies. Die ersten nennen wir heteropische, die letzteren isopische Bildungen."

Diese Unterscheidung zwischen heteromesisch—isomesisch, heterotopisch—isotopisch sowie heteropisch—isopisch hielt A. BITTNER (1895) für überflüssig:

„Diese ganz selbstverständlichen, aber wenn sie mit der Miene tiefer Gelehrsamkeit vorgetragen werden, sehr gut wirkenden Distinctionen werden zum Ausgangspunkt der logischen Terminologie und zur Unterscheidung von isomesischen und heteromesischen, isotopischen und heterotopischen,. isopischen und heteropischen Bildungen, von welchen drei Kategorien die beiden ersten ganz überflüssig sind, während die Ausdrücke isopisch und heteropisch weit besser durch die Wörter faziesgleich und faziesungleich ersetzt werden können. Über die Überflüssigkeit der Ausdrücke isomesisch und heteromesisch braucht kein Wort verloren zu werden ... Die Ausdrücke isotopisch und heterotopisch sind nicht nur überflüssig, sondern wegen ihres ähnlichen Klanges mit den Worten isopisch und heteropisch in ganz gleicher Weise für Verwechslungen besonders geeignet."

Auch wandte er sich dagegen, Fazies als einen „comparativen Begriff" anzusehen und meinte, daß

„der Begriff ‚Fazies' auch dann angewendet werden kann, wenn kein Gegensatz verschiedenartiger (gleichzeitiger) Bildungen hervorgehoben werden soll, und man kann von einer Fazies eines stratigraphischen Niveaus reden, von dem nur diese eine Fazies bekannt ist, ohne abwarten zu müssen, bis sich eine abweichende Fazies desselben stratigraphischen Niveaus findet".

A. BITTNER verstand unter Fazies — ähnlich wie schon E. RENEVIER (1884), der sie die „Physiognomie" eines Gesteins nannte — „eine jede Ausbildungsweise oder Erscheinungsform einer in einem bestimmten Zeitabschnitt erfolgten Ablagerung".

Die Unzulänglichkeit der ursprünglichen GRESSLYschen Faziesdefinition kommt besonders kraß in J. WALTHERS „Einleitung in die Geologie als historische Wissenschaft" zum Ausdruck. Hier werden alle „unterscheidenden Merkmale gleichzeitig gebildeter Gesteine" als Fazies bezeichnet:

„So nennt man die porphyrisch erstarrten Abarten eines vulkanischen Gesteins: eine Porphyrfazies, die glasigen Varietäten: Glasfazies, die in Gangform auftretenden: Gangfazies. Wenn man gleichzeitig gebildete Sedimentgesteine miteinander vergleicht, so spricht man von einer: Kalkfazies, Mergelfazies, Geröllfazies, Sandsteinfazies. Oder aber man benennt die Fazies nach den äußeren Umständen ihrer Bildung als: Süßwasserfazies, Meeresfazies, Strandfazies, Tiefseefazies. Endlich unterscheidet man gleichzeitig gebildete Gesteine von ähnlicher petrographischer Beschaffenheit, aber verschiedenem Fossilgehalt als: Ammonitenfazies, Korallenfazies, Schwammfazies."

J. WALTHER stellte mit Recht die Frage, worin nun eigentlich ein Wechsel der Fazies zum Ausdruck kommt und gelangte zwangsläufig zu der Feststellung, daß

„die Beantwortung dieser Frage verschieden lautet, je nachdem man unter Fazies die petrographischen Eigenschaften eines Gesteins oder die verschiedenen Ursachen der Gesteinsbildung versteht".

Er erkannte also ganz offensichtlich den durch die unterschiedliche, ja oft sogar geradezu willkürliche Anwendung des Wortes Fazies hervorgerufenen Mißstand in der Terminologie. Erwartet man nun aber von ihm einen Versuch zur Präzisierung des Begriffes, so sieht man sich getäuscht — ganz im Gegenteil, gleich drei verschiedene Definitionen stehen zur Auswahl:

1. „Fazies nennt man die unterscheidenden Merkmale gleichzeitig gebildeter Gesteine."

2. „Fazies ist die Summe der primären Eigenschaften der Gesteine."

3. „Unter Fazies versteht man die physikalischen Eigenschaften des Meeresbodens, welche die Verteilung der Organismen im Meere regeln."

Erwähnt werden muß noch J. WALTHERS „Gesetz von der Korrelation der Fazies". Dieses Gesetz, auf dessen lediglich beschränkte Gültigkeit K. ANDRÉE (1924), L. STRAUSZ (1928), F. KERNER-MARILAUN (1934) u. a. hinwiesen, besagt, daß „primär sich nur solche Fazies und Faziesbezirke überlagern können, die in der Gegenwart nebeneinander zu beobachten sind".[4]) Auch prägte er die Begriffe „Faziesreihe" als die „typische zonare Anordnung der Fazies (Geröll, Konglomerat, Grobsand, Feinsand, Schlamm)" und „Faziesbezirk" als ein Gebiet mit unterschiedlichen (heteropischen), paragenetisch jedoch zusammengehörigen Fazies.

An der Unexaktheit in der Definition und im Gebrauch des Ausdrucks Fazies änderte sich in zahlreichen Fällen auch zu Beginn des 20. Jahrhunderts nicht viel (vgl. F. TOULA 1900, H. CREDNER 1902, 1912, E. KAYSER 1915, 1923, P. WAGNER 1917, J. WALTHER 1918, W. WENZ 1920, K. KEILHACK 1921, E. DACQUÉ 1922, J. STINY 1922, L. KOBER 1923 u. a.). Eine Folge davon war, daß mit der fortschreitenden Aufsplitterung der geologischen Wissenschaft in einzelne Teildisziplinen der Faziesbegriff häufig zur Bezeichnung ganz spezieller geologischer Fakten herangezogen und somit seines ursprünglichen Inhalts beraubt wurde. Man sprach nicht mehr nur ganz allgemein von Fazies als der Gesamtheit aller (unterscheidender) Merkmale eines Gesteins, wie das in Anlehnung an J. WALTHER (1893) die oben zitierten Autoren zum größten Teil taten, sondern unterschied strenger als dies bisher der Fall war zwischen einer geographischen, einer paläontologischen, lithologischen, metamorphen, tektonischen usw. Fazies.

Trotzdem gebrauchte die Mehrzahl der europäischen Geologen (z. B. G. GÜRICH 1895, F. A. FOREL 1901, H. HAAS 1906, T. ARLDT 1907, E. HAASE 1913, K. ANDRÉE 1920, R. BRINKMANN 1927, F. LOTZE 1928, L. STRAUSZ 1928 u. a.) das Wort Fazies dem ursprünglichen Begriffsinhalt entsprechend — also im Sinne A. GRESSLYS — als einen Hinweis auf die Paläogeographie.

„Jedes sedimentäre Gestein hat ein bestimmtes Gesicht, das die im Raume seiner Bildung herrschenden geographischen und klimatischen Verhältnisse widerspiegelt und abbildet; diese Eigenart wird als Fazies des Gesteins bezeichnet" (K. BEURLEN 1939).

Dieses paläogeographische „Gesicht", dieses auf die ehemals herrschenden geographischen, klimatischen u. a. Verhältnisse hinweisende „Antlitz" des Gesteins ist einmal marin, das andere Mal limnisch oder terrestrisch, unter dem marinen entweder litoral, neritisch oder abyssisch usw. Dementsprechend wird z. B. im marinen Bereich sehr oft eine bathymetrische Gliederung der einzelnen Fazies vorgeschlagen (C. DE STEFANI 1890, H. CREDNER 1902, E. KAYSER 1915, L. STRAUSZ 1928, G. GÜRICH 1928, L. BENDEL 1947, C. C. BERINGER 1951, B. BOUČEK & O. KODYM 1958 u. a.). Nach dem Prinzip der Sauerstoffversorgung stellte H. SCHMIDT (1947) sein „lineares Faziesschema" auf, das von der Fazies der ungelüfteten Meerböden (Faulschlammböden) sowie der mangelhaft, ausreichend und gut gelüfteten Böden über die Fazies des Brandungsbereiches, des Sumpfes, des Waldes und der Steppe bis zur Wüstenfazies reicht. Natürlich ist bei all diesen Klassifikationsversuchen zu berücksichtigen, daß sie je nach Art der paläogeographischen, paläoklimatischen u. a. Verhältnissen weiterhin vielfach unterteilt und ergänzt werden können.

Diesen allgemeinen Gliederungsprinzipien stehen wiederum speziellere, auf regional abgegrenzte Gebiete beschränkte Fazieseinteilungen gegenüber. So gaben z. B. W. DIENEMANN & W. SCHARF (1932) für die Sedimente der Nordseeküste

[4]) Es muß in diesem Zusammenhang darauf hingewiesen werden, daß dieses „WALTHERsche Gesetz" schon 20 Jahre vor ihm der russische Geologe A. A. INOSTRANZEW (1872) aufstellte: „Das, was wir senkrecht übereinander gelagert sehen, muß uns auch mit demselben Charakter in waagerechter Richtung erscheinen und umgekehrt."

20 verschiedene, aus der petrographischen Zusammensetzung, dem Charakter der in diesen enthaltenen Fossilien, dem Schichtungstypus u. a. gefolgerte Fazies der Gesteine an — die Fazies des offenen Watts, die des geschützten Watts, der abgeschnürten Wattbucht usw.

Entsprechend der diesen Arbeiten zugrunde liegenden Definition der Fazies als des „Charakters eines Gesteins in bezug auf seine paläogeographischen Bildungsbedingungen" verwendet man diesen Begriff in den meisten Fällen in Verbindung mit einem geographischen Ausdruck (marine, terrestrische, Wüsten-, Deltafazies usw.).

„Wo ein bestimmtes Gestein einen bestimmten Bildungsraum eindeutig charakterisiert, kann die Fazies durch dieses Gestein bestimmt werden. So kann man sprechen von der Fazies des roten Tiefseetons, von der Fazies des Globigerinenschlammes, von der marinen Faulschlammfazies usw. ... Wenn eine bestimmte Organismengemeinschaft den Bildungsraum eindeutig kennzeichnet und in ihr sich die dadurch gegebenen Bildungsbedingungen widerspiegeln, so kann auch diese Organismengemeinschaft oder ein kennzeichnender Vertreter derselben zur Bezeichnung der Fazies herangezogen werden" (K. BEURLEN 1939).

Unexakt und unwissenschaftlich ist es dagegen, von Sandstein-, Kalkstein-, Tonschiefer- u. a. -fazies zu sprechen, da ja z. B. Sandsteine sowohl in neritischen und litoralen als auch in festländisch humiden, festländisch ariden u. a. Bildungsräumen entstehen können. Um lediglich den Gesteinscharakter zu kennzeichnen, bedarf man nicht eines speziellen Begriffes! „Fazies" ist mehr als nur ein besonderes petrographisches Merkmal einer bestimmten Ablagerung, „Fazies ist ein fossil gewordener Ausdruck der geographischen Zustände der betreffenden Erdstelle zu der Zeit, zu welcher das Gestein zum Absatz kam" (G. BRAUN 1930).

Als die paläogeographischen Bildungsbedingungen selbst(!) wird der Ausdruck Fazies nur relativ selten definiert. So bezeichnete zum Beispiel S. v. BUBNOFF (1931, 1959) die Fazies als „die Summe der physiko-geographischen Verhältnisse, welche zur Bildung eines bestimmten Gesteins mit bestimmtem organischem Inhalt führen", L. MORET (1955) ganz analog als „die Gesamtheit der lokalen geographischen und biologischen Bedingungen, die den lithologischen Charakter einer Ablagerung sowie deren Gehalt an Tier- und Pflanzenassoziationen bestimmen".

Eine ebenso fragwürdige, aber weitaus verbreitetere Anwendung findet der Faziesbegriff zur Kennzeichnung des Gesteinstypus (E. A. ROSSMÄSSLER 1888, E. REYER 1888, E. KAYSER 1891, E. DACQUÉ 1926, W. KOEHNE 1928, G. WESTERMANN 1955, K. HOFFMAN 1956, K. BURGER 1958 u. a.). Solange man von Litho-, Gesteins- oder Petrofazies (z. B. sandiger, kalkiger, toniger Lithofazies) spricht, mag das — obgleich auch diese Begriffe wiederum unterschiedlich definiert werden! — noch angehen; Ausdrücke wie Sandstein-, Tonstein- oder Kalksteinfazies sind jedoch, worauf ja weiter oben schon hingewiesen wurde, völlig unsinnig und wertlos — hier sind allgemeinverständliche Wörter wie „Ausbildung", „Typus" u. dgl. viel besser am Platze!

In der Regel findet man den Begriff Fazies in der Lithologie auf rein sedimentäre, zuweilen aber — wogegen W. DEECKE (1913), F. BECKE (1921), C. E. TILLEY (1924) u. a. Stellung nahmen — auch auf metamorphe und magmatische Gesteine angewandt (vgl. E. REYER 1888, R. SCHEIBE 1907, E. KAYSER 1915, W. KLÜPFEL 1933 u. a.). 1915 führte P. ESKOLA (vgl. auch P. ESKOLA 1921, 1929, 1939) den Ausdruck „metamorphe Fazies" ein:

„Zu einer bestimmten Fazies werden die Gesteine zusammengefügt, welche bei identischer Pauschalzusammensetzung einen identischen Mineralbestand aufweisen, aber deren Mineralbestand bei wechselnder Pauschalzusammensetzung gemäß bestimmten Regeln variiert."

Sechs Jahre später stellte er dieser „metamorphen Fazies" noch die „magmatische Fazies" gegenüber und vereinigte beide unter dem Begriff „Mineralfazies". Zu einer derartigen „Mineralfazies" gehören alle Gesteine, in denen bei einer gewissen Pauschalzusammensetzung dieselbe Mineralkombination auftritt. So können unter gegebenen Umständen ein Granit und ein Gneis zur gleichen „Mineralfazies" gehören. Die Entstehungsart des Mineralbestandes spielt also keine Rolle. „Maßgebend für die Zugehörigkeit zu einer Mineralfazies ist nur, daß die Mineralzusammensetzung bei demselben Chemismus dieselbe ist." Die Benennung erfolgt gewöhnlich nach irgendeinem für die entsprechende Fazies besonders charakteristischen Gestein. Auf dieser Grundlage unterschied P. ESKOLA (1939) eine Sanidinit-, Pyroxenhornfels-, Amphibolit-, Epidotamphibolit-, Grünschiefer-, Granulit- und Eklogitfazies, wobei der „metamorphen" Sanidinit-, Pyroxenhornfels- und Amphibolitfazies die Diabas-, Gabbro- und Hornblendegabbrofazies der „magmatischen Reihe" entspricht. Einzelne dieser „Mineralfazies" wurden noch in „Subfazies" unterteilt, so zum Beispiel die Grünschieferfazies in die Chlorit-Muskovitschiefer-, die Biotit-Muskovitschiefer und die Epidot-Biotitschiefer-Subfazies (vgl. zu diesem Thema auch F. BECKE 1921, U. GRUBENMANN & P. NIGGLI 1924, C. E. TILLEY 1924, T. VOGT 1927, K. H. SCHEUMANN 1931, M. ROQUES 1941, H. H. READ 1949 u. a.).

Es ist — wenn auch bedauerlich — so doch bezeichnend, daß P. ESKOLA ausgerechnet den Ausdruck „Fazies" seinem Klassifikationsschema zugrunde legte. Dieser „Begriff" war ja auf Grund seiner unexakten Definition wie kein anderer dazu geeignet, auf alles Mögliche angewandt zu werden. Fast jeder Zweig der Geologie schuf sich so seine spezielle Fazies. Auch die Paläontologie machte von dieser Regel keine Ausnahme. Schon vor der Jahrhundertwende sprach man (E. A. ROSSMÄSSLER 1888, E. KAYSER 1891, J. WALTHER 1893, K. A. v. ZITTEL 1899 u. a.) von paläontologischer, Faunen- oder Florenfazies, obgleich zahlreiche derartige Ausdrücke — zum Beispiel die „Gastropodenfazies" — nichts darüber aussagen, ob sie nun zur marinen, zur limnischen oder zur terrestrischen Fazies gehören. Trotz dieser Unzulänglichkeiten wurden solche „Begriffe" immer wieder gebraucht (A. DENCKMANN 1900, 1909, K. ANDRÉE 1924, H. SCHMIDT 1926, G. KLEIN 1927 u. a.) und spielen heute, besonders in der amerikanischen Terminologie, als „Biofazies" eine bedeutende Rolle (nähere Ausführungen darüber im Teil 2 dieser Arbeit).

Von L. W. PUSTOWALOW (1933) wurde die „geochemische Fazies" eingeführt (vgl. Teil 3). In der mitteleuropäischen Literatur treten ähnliche Anwendungsformen nur relativ selten auf. K. KREJCI-GRAF (1933) sprach z. B. von „euxinischer" Fazies, O. AHLBORN (1934) von der „petrochemischen" Fazies des Salzes, H. J. FABIAN (1957) und R. KOKORSCH (1960) ganz ähnlich von „chloridischer", „sulfatischer" bzw. „sylvin-kieserit-halitischer" Fazies. Über die „geochemische" Fazies der Brauneisen- und Manganoolithe schrieb F. LEUTWEIN (1957), über die „Salinitätsfazies" und die „Chemofazies" der Sedimente E. DEGENS (1958, 1959) usw. „Metallfaziestypen" („Bleifazies", „Zinkfazies", „Kupferfazies") wurden von G. RICHTER (1941), „Erzfaziestypen" („Limonitfazies", „Chamositfazies") von A. K. BHATTACHARYA (1958) ausgeschieden. E. PUFFE (1938), H. SCHNEIDERHÖHN (1941) u. a. unterschieden zwischen dem „temporalen" und dem „lateralen Fazieswechsel" der Erzparagenesen eines einheitlichen Gangzuges. Ersterer wird durch die zeitlich verschiedene Ausscheidungsfolge der einzelnen Minerallösungen, letzterer durch die unterschiedliche Entfernung vom magmatischen Herd hervorgerufen.

Die Tektoniker „mißbrauchten" den Ausdruck Fazies ebenfalls. So prägte B. SANDER (1912) den Begriff „tektonische Gesteinsfazies":

„Man kann ... von tektonischer Gesteinsfazies sprechen, wenn die molekulare oder nichtmolekulare Teilbewegung im Gefüge einer größeren ‚tektonischen' Deformation des Ganzen korrelat ist, das heißt irgendeine tektonische Deformation als gesetzmäßig zugeordnete Differentialbewegung begleitete."

Mit anderen Worten: Jedes differential durchbewegte Gestein, jeder Tektonik, wird als „tektonische Gesteinsfazies" oder kürzer als „tektonische Fazies" bezeichnet. Etwas ganz anderes verstand K. HUMMEL (1920) unter diesem Ausdruck, wenn er sagte,

„daß man diese Küstenkonglomerate ... ganz gut als eine tektonische Fazies bezeichnen könnte, denn sie finden sich im Rheintalgraben überall, wo durch tektonische Bewegungen eine oligozäne Küste geschaffen wurde".

B. BOUČEK & O. KODYM (1958) gliederten die „tektonische Fazies" in die „Fazies des stabilen Schelfes", die „Geosynklinalfazies" und die „Fazies der tiefen ozeanischen Mulden", gaben diesem „Begriff" also abermals einen anderen Inhalt. Schließlich steht in A. A. G. SCHIEFERDECKERS „Geological Nomenclature" (1959) unter „Tektofazies":

„— das tektonische Merkmal einer bestimmten sedimentären Ablagerung, das heißt die Summe der primär tektonischen Merkmale einer Ablagerung, z. B. Flyschfazies, Molassefazies usw.".

Von „Mulden-" und „Sattel-", „Synklinal-" und „Antiklinal-" sowie „Becken-" und „Schwellenfazies" sprachen (z. T. allerdings im paläogeographischen Sinne!) J. AHLBURG (1918), H. RICHTER (1923), H. SCHMIDT (1926), F. DAHLGRÜN (1928), H. CLOOS (1936), W. PAECKELMANN (1938) u. a. „Die durch die Sonderverhältnisse des Bodens bedingten Sonderformen der Orogenese" bezeichnete H. STILLE (1924) als „orogene Fazies". Er definierte „Fazies" als

„... eine durch die jeweiligen Sonderumstände bedingte Erscheinungsform, und zwar nicht nur eines Zeitabschnittes oder Gesteins, sondern nun auch einmal eines Vorgangs ..."

In etwa die gleiche „Kategorie" fällt auch H. MAYRHOFERS (1955) „fluidaltektonische Fazies" sowie S. v. BUBNOFFS (1942) „Durchbewegungsfazies", die Auskunft darüber gibt, „in welchem Differentiations- und Plastizitäts-Stadium die Schmelze von der Durchbewegung betroffen wurde". Weit verbreitet sind auch solche Begriffe wie „Faziestektonik" — meist meint man damit den durch die verschiedene Gesteinsausbildung bedingten unterschiedlichen Ablauf der Faltung, Schieferung usw. — und „Faziesstockwerk" — in der Epizone U. GRUBENMANNS (1904) zum Beispiel „oben der Bereich reiner Faltung, weiter unten der Bereich der Faltung und Schieferung, weiter Bruchfaltung, weiter Verknetung mit starker Umkristallisierung usw." (A. BORN 1925).

Teilweise werden sogar die texturellen und strukturellen Eigenschaften der Gesteine als „Fazies" bezeichnet („mikrogranitische", „porphyrische", „geschichtete", „massige", „schiefrige", „zuckerkörnige" Fazies usw. — vgl. K. A. LOSSEN 1874, O. v. HUBER 1899, J. B. HILL & H. KYNASTEN 1900, O. JOOS 1948, S. MÜLLER 1949, F. TRUSHEIM 1955 u. a.). Sehr oft findet man den Faziesbegriff auch in Verbindung mit einem bestimmten Lokalnamen, einmal für paläogeographisch, ein anderes Mal für geotektonisch, lithologisch oder paläontologisch einheitliche Gebiete („Schwäbische", „Kössener", „Salzburger" Fazies; „Eifeler", „Sauerländische", „Südbelgische", „Nordbelgische" Fazies; „rheinische" und „herzynische" Fazies; „Frankfurter", „Lausitzer" und „Posener" Fazies; „hessische" und „thüringische" Fazies des Zechsteinkalks; „bayrische" und „thüringische" Fazies des Silurs usw. — vgl. E. SUESS & E. v. MOJSISOVICS 1868, A. FUCHS 1923, H. SCHMIDT 1926, G. KLEIN 1927, A. HERRMANN 1956, L. GREILING 1957 u. a.). G. GÜRICH (1900) sprach von „positivem", „neutralem" und „negativem' Fazieswechsel, K. ANDRÉE (1924) von „primärer" und „sekundärer", H. STILLE (1924) von „steigender" und „fallender", W. SALOMON (1926) von „aggressiver" und „defensiver" Fazies. Neuerdings tauchen in der Literatur des öfteren die Ausdrücke „Mikrofazies" (J. CUVILLIER & V. SACAL 1951, R. RADOICIĆ 1960, E. FLÜGEL & A. RAMOVŠ 1961 u. a.) und „Kleinfazies" (D. WENTZLAU 1960 u. a.) auf. R. A. SONDER (1956) unterschied zwischen einer über die Herkunft der Sedimentationsprodukte Auskunft gebenden „Alimentationsfazies" und einer auf die Umweltbedingungen zur Zeit der Ablagerung hinweisenden „Präzipitationsfazies", A. RIEVIÈRE (1952) unter den zur Deutung von Korngrößenanalysen aufgestellten „granulometrischen Fazies" zwischen einer „linearen", „parabolischen", „logarithmischen" und einer „hyperbolischen" Fazies.

Es kann dem Leser nicht zugemutet werden, noch mehr dieses terminologischen Wirrwarrs über sich ergehen zu lassen. Sicherlich wird schon aus den hier angeführten Beispielen klargeworden sein, daß sich bald kein Mensch mehr in diesem Durcheinander der Begriffe zurechtfindet, bereitet man dieser Willkür in der Anwendung des Ausdrucks „Fazies" durch national oder besser noch international verbindliche Beschlüsse nicht ein Ende.

Über die in den USA und der Sowjetunion bereits unternommenen Versuche zur Präzisierung des Faziesbegriffes wird in den Teilen 2 und 3 dieser Arbeit berichtet.

Zusammenfassung

Ausgehend von der historischen Entwicklung werden ursprünglicher Inhalt, Bedeutungswandel und heutige Anwendungsformen des Begriffes „Fazies" diskutiert. Die Mehrzahl der europäischen Geologen gebraucht ihn — der Wortbedeutung entsprechend — im Sinne einer Abstraktion, und zwar als das auf die Bildungsbedingungen zur Zeit der Sedimentation hinweisende „Antlitz" eines Gesteins. Nicht selten wird der gleiche Ausdruck aber auch zur petrographischen, paläontologischen, tektonischen usw. Kennzeichnung einer Ablagerung verwandt, was zu Überschneidungen und Widersprüchen im Inhalt des Begriffes führt.

In dem im nächsten Heft dieser Zeitschrift erscheinenden Teil 2 der Arbeit wird die nordamerikanische Faziesliteratur referiert.

Резюме

На основе исторического развития обсуждаются первоначальное содержание, изменение значения и современное употребление понятия ,,фация''. Большинство европейских геологов употребляет его — согласно дословному значению — в смысле абстракции, а именно, под этим термином подразумевается указывающий на условия образования во время осадконакопления ,,облик'' породы. Однако, то же выражение нередко используется с целью петрографической, палеонтологической, тектонической и т. д. характеристики породы. Это приводит к пересечениям и противоречиям в содержании этого понятия.

Во второй части работы, опубликуемой в следующем номере этого журнала, реферируется северо-американская литература о фациях.

Summary

Proceeding from the historical development the original content, change of meaning and present-day usages of the concept „facies" are discussed. In conformity with semantics it is used by most European geologists in the sense of an abstraction, viz. that of the „face" of a rock pointing to the conditions of formation at the time of its sedimentation. Pretty often, however, the same expression is also applied to characterize a deposit from the petrographical, palaeontological, tectonic point of view, etc., which results in overlappings and contradictions in the content of the concept.

Part 2 of the present paper will be published in the next number of this periodical, and will review the North American literature dealing with the facies.

Literatur

AHLBORN, O.: Die Ausbildungsformen des Staßfurt-Lagers am Roßlebener und Bernburger Sattel in ihrer Beziehung zur Tektonik. — Z. deutsch. geol. Ges., **86**, Berlin 1934.

AHLBURG, J.: Erläuterungen zu Blatt Weilburg der geologischen Spezialkarte von Preußen. — Berlin 1918.

ANDRÉE, K.: Geologie des Meeresbodens. — Leipzig 1920.

— Das Meer und seine geologische Tätigkeit. — In W. SALOMON: Grundzüge der Geologie, Bd. 1, Stuttgart 1924.

ANGEL, F.: Mineralfazies und Mineralzonen in den Ostalpen. — Wiss. Jb. Univ. Graz (1940).

ARLDT, T.: Die Entwicklung der Kontinente und ihrer Lebewelt. — Leipzig 1907.

BÄRTLING, R.: Transgressionen, Regressionen und Faziesverteilung in der Mittleren und Oberen Kreide des Beckens von Münster. — Z. deutsch. geol. Ges., **72**, Berlin 1921.

BEAUMONT, E. DE: Auszüge aus N. STENOs „De solido intra solidum naturaliter contento". — Annal. de scienc. nat., **25**, Paris 1831.

BECKE, F.: Zur Faziesklassifikation metamorpher Gesteine. — Tschermaks min. — petr. Mitt., **35** (1922).

BENDEL, L.: Ingenieurgeologie. — Wien 1947.

BERG, A.: Geologie für Jedermann. — Leipzig 1912.

BERINGER, C. C.: Geologisches Wörterbuch. — Stuttgart 1951.

— Die Urwelt. — Stuttgart 1951.

BERINGER, C. C. & M. MURAWSKI: Geologisches Wörterbuch. — Stuttgart 1957.

BEURLEN, K.: Erd- und Lebensgeschichte. — Leipzig 1939.

BHATTACHARYA, A. K.: Makroskopische und mikroskopische Untersuchung der Brauneisenerzlager im Lias alpha 3 der Grube Friederike bei Bad Harzburg und ihre Deutung für die Genese mariner Eisenerzlagerstätten. — Geol. Jb., **75**, Hannover 1958.

BIESE, W. A.: Der Jura von Cerritos Bayos — Calama Republica de Chile, Provinz Antofagasta. — Geol. Jb., **72**, Hannover 1956.

BITTNER, A.: Zur neueren Literatur der alpinen Trias. — Jb. k. k. Geol. Reichsamt, **44**, Wien 1895.

BORCHERT, H.: Über Fazieswechsel in Lagerstätten verschiedenster Entstehung. — Glückauf, **86**, Essen 1950.

BORN, A.: Über Faziesstockwerke in Faltengebirgen. — Geol. Rdsch. **16**, Berlin 1925.

BOUČEK, B. & O. KODYM: Geologie. — Nakladatelstvi Československé Akademie Věd, Praha 1958.

BRAUN, G.: Grundzüge der Physiogeographie. — Leipzig und Berlin 1930.
BRINKMANN, R.: Tektonik und Sedimentation im deutschen Triasbecken. — Z. deutsch. geol. Ges., 78, Berlin 1927.
— EMANUEL KAYSER's Abriß der Geologie. — Stuttgart 1940.
— Abriß der Geologie. — 9. Aufl., Bd. 1, Stuttgart 1961.
BRINKMANN, R. & E. DEGENS: Die geochemische Verbreitung einiger Elemente im Ruhrkarbon. — Naturwissensch., 43 (1956).
BUBNOFF, S. v.: Grundprobleme der Geologie. — Berlin 1931 und 1959.
— Beiträge zur Tektonik des skandinavischen Südrandes. 2. Die älteren Granite Bornholms im Rahmen der svekofennidischen Tektogenese. — N. Jb. Min., Geol., Paläont., Beil.-Bd., 87, Abt. B, Stuttgart 1942.
— Einführung in die Erdgeschichte. — Berlin 1956.
BURGER, K.: Untersuchungen über den petrographischen Fazieswechsel der Tonfolge des Flözes Karl 2 der Bochumer Schichten. — Geol. Jb., 75, Hannover 1958.
CHARPENTIER, J. v.: Über den Granit der Pyrenäen. — Taschenb. ges. Min., Jg. 9, Frankfurt (Main) 1815.
CLOOS, H.: Einführung in die Geologie. — Berlin 1936.
CONTEJEAN, C.: Elements de Géologie et de Paléontologie. — Paris 1874.
CREDNER, H.: Elemente der Geologie. — 1.—11. Aufl., Leipzig 1872—1912.
CUVILLIER, J. & V. SACAL: Corrélations stratigraphiques par microfaciès en Aquitaine occidentale. — Leiden 1951.
DACQUÉ, E.: Geologie. — Bd. 1 u. 2, Sammlung Göschen, Berlin und Leipzig 1922 und 1924.
— Paläogeographie. — Leipzig und Wien 1926.
— Die Erdzeitalter. — München und Berlin 1930.
DAHLGRÜN, F.: Analogien und Unterschiede im geologischen Bau des Ober- und Unterharzes. — Z. deutsch. geol. Ges., 79, Berlin 1928.
DEECKE, W.: Faciesstudien über europäische Sedimente — Ber. Naturforsch. Ges. Freiburg/Br., Naumburg (Saale) 1913.
— Das Vikariieren der Organismen in der geologischen Vergangenheit. — Z. deutsch. geol. Ges., 78, Berlin 1927.
DEGENS, E.: Geochemische Untersuchungen zur Faziesbestimmung im Ruhrkarbon und im Saarkarbon. — Glückauf, 94, Essen 1958.
— Die Chemofazies der Sedimente. — Habil.-Schr., Würzburg 1959.
DENCKMANN, A.: Goniatiten im Obersilur des Steinhornes bei Schönau im Kellerwalde. — Jb. k. preuß. geol. Landesanst. u. Bergakad. Berlin, 20, Berlin 1900.
— Über eine Exkursion in das Devon- und Culmgebiet nördlich von Letmathe. — Jb. k. preuß. geol. Landesanst. Berlin, 27, Berlin 1909.
DIENEMANN, W. & W. SCHARF: Zur Frage der neuzeitlichen „Küstensenkung" an der deutschen Nordseeküste. — Jb. preuß. geol. Landesanst. Berlin, 52, Berlin 1932.
DIENER, C.: Grundzüge der Biostratigraphie. — Leipzig und Wien 1925.
DOFLEIN, F.: Das Tier als Glied des Naturganzen. — Leipzig und Berlin 1914.
EHRENBERG, K.: Paläozoologie. — Wien 1960.
ERNST, W. & H. WERNER: Die Bestimmung der Salinitätsfazies mit Hilfe der Bor-Methode. — Glückauf, 96, Essen 1960.
ESKOLA, P.: Om sambandet mellan kemisk och mineralogisk sammansättning hos Orijärvitraktens metamorfa bergarter. — Bull. Comm. géol. Finlande, 44 (1915).
— The mineralfacies of rocks. — Norsk. Geol. Tidskr., 6 (1921).
— Om Mineralfacies. — Geol. Förhandl., 51 (1929).
— Die metamorphen Gesteine. — In T. F. W. BARTH, C. W. CORRENS & P. ESKOLA: Die Entstehung der Gesteine. — Berlin 1939.
FABIAN, H.-J.: Die Faziesentwicklung des Zechsteins zwischen Bielefeld und Hameln. — Geol. Jb., 73, Hannover 1957.
FISCHER, W.: Gesteins- und Lagerstättenbildung im Wandel der wissenschaftlichen Anschauung. — E. Schweizerbarth'sche Verlagsbuchhandlung, Stuttgart 1961.
FLÜGEL, E. & A. RAMOVŠ: Fossilinhalt und Mikrofazies des Dachsteinkalkes (Ober-Trias) im Begunjščica-Gebirge, S-Karawanken (NW-Slowenien, Jugoslawien). — N. Jb. Geol. Paläont., Mh., 6, Stuttgart 1961.
FORBES, E.: On the Connexion between the Distribution of the existing Fauna and Flora of the British Isles, and the Geological Changes which have affected their area, especially during the epoch of the Northern Drift. — Mem. Geol. Surv. Great Brit., 1, London 1846.
FOREL, F. A.: Handbuch der Seenkunde. — Stuttgart 1901.
FRAAS, E.: Geologie. — Leipzig 1912.
FRANK, M.: Der Faziescharakter der Schichtgrenzen der süddeutschen und kalkalpinen Trias. — Zbl. Min. Geol. Paläont., Abt. B, Stuttgart 1936.
— Die Bedeutung stratigraphisch-fazieller Schichtverfolgung. — Z. deutsch. geol. Ges., 91, Berlin 1939.
FRANKE, D.: Zu Fragen geologischer Terminologie und Klassifikation (I) — Der Begriff Formation. — Z. angew. Geol., 8, 4, Berlin 1962.
FUCHS, A.: Über die Beziehungen des sauerländischen Faciesgebietes zur belgischen Nord- und Südfacies und ihre Bedeutung für das Alter der Verseschichten. — Jb. preuß. geol. Landesanst. Berlin, 42, Berlin 1923.
FUCHS, W.: Die Venetianer Alpen. — Solothurn und Wien 1844.
GREILING, L.: Das Gotlandium des Frankenwaldes (Bayrische Entwicklung). — Geol. Jb., 73, Hannover 1957.
GRESSLY, A.: Geognostische Bemerkungen über den Jura der nordwestlichen Schweiz, besonders des Kantons Solothurn und der Grenz-Partien der Kantone Bern, Aargau und Basel. — N. Jb. Min. Geogn. Geol. Petrefaktenk., Stuttgart 1836.
— Observations géologiques sur le Jura Soleurois. — N. Denkschr. allg. schweiz. Ges. ges. Naturwiss., Bd. 2, 4 u. 5, Neuchâtel 1838, 1840 u. 1841.
GRUBENMANN, U.: Die kristallinen Schiefer. — 1. Aufl., Berlin 1904.
GRUBENMANN, U. & P. NIGGLI: Die Gesteinsmetamorphose (I. Allgemeiner Teil). — Berlin 1924.
GÜRICH, G.: Fazieswechsel im Paläozoikum des Polnischen Mittelgebirges. — Z. deutsch. geol. Ges., 47, Berlin 1895.
— Erdgestaltung und Erdgeschichte. — Leipzig 1928.
HAAS, H.: Leitfaden der Geologie. — Leipzig 1906.
HAASE, E.: Die Erdrinde, Einführung in die Geologie. — Leipzig 1913.
HAUER, F. R. v.: Die Geologie und ihre Anwendung auf die Kenntnis der Bodenbeschaffenheit. — Wien 1875.
HAUG, É.: Traité de Géologie. — Paris 1907.
HERRMANN, A.: Der Zechstein am südwestlichen Harzrand. — Geol. Jb., 72, Hannover 1956.
HILL, J. B. & H. KYNASTEN: On Kentallenite and its Relations to other Igneous Rocks in Argyllshire. — Q. J. G. S., 56, London 1900.
HUBER, O. v.: Beitrag zur Kenntnis der Eruptivgesteine von Predazzo und des Monzoni. — Z. deutsch. geol. Ges., 51, Berlin 1899.
HUMBOLDT, A. v.: Geognostischer Versuch über die Lagerung der Gebirgsarten in beiden Erdhälften. — Straßburg 1823.
HUMMEL, K.: Theoretisches zur Faziesverteilung in den Alpen. — Z. deutsch. geol. Ges., 71, Berlin 1920.
— Zur Stratigraphie und Faziesentwicklung der südalpinen Mitteltrias. — N. Jb. Min. Geol. Paläont., Beil.-Bd., 68, Abt. B, Stuttgart 1932.
INOSTRANZEW, A. A.: Geologitscheskije issledowanija na Sewerje Rossii w 1869 i 1870gg. — SPb., 1872.
JOOS, O.: Stratigraphisch-tektonische Untersuchungen zwischen Kliff und Donau bei Ulm. — N. Jb. Min. Geol. Paläont., Abh., 89, Abt. B, Stuttgart 1948.
KAYSER, E.: Lehrbuch der geologischen Formationskunde. — Stuttgart 1891.
— Abriß der allgemeinen und stratigraphischen Geologie. — Stuttgart 1915.
— Lehrbuch der Geologie. — Stuttgart 1923.
KEFERSTEIN, C.: Geschichte und Litteratur der Geognosie — ein Versuch. — Halle 1840.
KEILHACK, K.: Lehrbuch der Praktischen Geologie. — Stuttgart 1896 und 1921.
KERNER-MARILAUN, F.: Paläogeographie. — Berlin 1934.
KETTNER, R.: Allgemeine Geologie (Der Bau der Erdkruste). — Berlin 1958.
KLEIN, G.: Handbuch für den Braunkohlenbergbau. — 3. Aufl., Halle 1927.
KLÜPFEL, W.: Das Faziesgesetz der vorquartären Vulkaneruptionen. — Geol. Rdsch., 24, Berlin 1933.
KNETSCH, G.: Eine Struktur-Skizze Ägyptens und einiger seiner Nachbargebiete. — Geol. Jb., 74, Hannover 1957.
KOBER, L.: Der Bau der Erde. — Berlin 1921.
— Lehrbuch der Geologie. — Wien 1923.
KOEHNE, W.: Grundwasserkunde. — Stuttgart 1928.
KOKORSCH, R.: Zur Kenntnis von Genesis, Metamorphose und Faziesverhältnissen des Staßfurtlagers im Grubenfeld Hildesia-Mathilden, Diekholzen bei Hildesheim. — Beih. Geol. Jb., 41, Hannover 1960.
KRAUS, E.: Die Abtragung der Gebirge. — Bd. 1, Berlin 1936.
KREJCI-GRAF, K.: Über Schneckendeckel-Ablagerungen und die Erhaltung der Chitinsubstanz. — Senckenbergiana, 15, Frankfurt (Main) 1933.
KUKUK, P.: Geologie, Mineralogie und Lagerstättenlehre. — Berlin — Göttingen — Heidelberg 1955 und 1960.
LAPPARENT, A. DE: Traité de Géologie. — Bd. 2, Paris 1906.
LEUTWEIN, F.: Über die Anwendbarkeit geochemischer Untersuchungen zur stratigraphischen Einordnung von Kieselschiefern. — N. Jb. Min. Abh., 91, Stuttgart 1957.
LOSSEN, K. A.: Der Bodegang im Harz. — Z. deutsch. geol. Ges., 26, Berlin 1874.
LOTZE, F.: Das Mitteldevon des Wennetales nördlich der Elsper Mulde. — Abh. preuß. geol. Landesanst., N. F., 104, Berlin 1928.
— Geologie. — Sammlung Göschen, Berlin 1955.
MACCULLOCH, J.: Über die wechselseitigen Beziehungen verschiedener Felsarten und ihre Ähnlichkeiten mit den losen Gebirgsschichten. — Z. Min. Bd. 2, Frankfurt (Main) 1826.
MARKEWITSCH, W. P.: Ponjatije „fazija". — Isdatelstwo Akademii Nauk SSSR, Moskwa 1957.
MAYRHOFER, H.: Beiträge zur Kenntnis des alpinen Salzgebirges. — Z. deutsch. geol. Ges., 105, Hannover 1955.
MEINHOLD, R.: Wanderungen und Wandlungen eines Begriffes und vom Wert und Unwert der Terminologie. — Z. angew. Geol., 6, 10, Berlin 1960.
MOJSISOVICS, E. v.: Die Dolomit-Riffe von Südtirol und Venetien. — Wien 1879.
MORET, L.: Précis de Géologie. — Paris 1955.
MÜLLER, S.: Beiträge zur Geologie der Trochtelfinger Heide (Schwäbische Alb) und ihrer näheren Umgebung. — N. Jb. Min. Geol. Paläont. Abh., 90, Abt. B, Stuttgart 1949.
NABHOLZ, W. K.: Beziehungen zwischen Fazies und Zeit. — Eclogae geol. Helvetiae, 44, 1, Basel 1951.
NAUMANN, C. F.: Lehrbuch der Geognosie. — 1. und 2. Aufl., Bd. 2, Leipzig 1854 und 1862.
NEUMAYR, M.: Erdgeschichte. — Bd. 2, Leipzig und Wien 1895.
PAECKELMANN, W.: Faziesstudien im Devon und Unterkarbon der Attendorn-Elsper Doppelmulde des Sauerlandes. — Jb. preuß. geol. Landesanst., 58, Berlin 1938.
PAGE, D.: Handbook of Geological Terms and Geology. — London 1859.
PIA, J.: Über Grundbegriffe der Stratigraphie. — Z. deutsch. geol. Ges., 81, Berlin 1930.
PRÉVOST, C.: Artikel im Bull. de la Soc. philomatique 1825 und 1826.
— Vortrag auf der Sitzung der Soc. Géol. de France vom 18. Dez. 1837. — Bull. Soc. Géol. de France, Jg. 1837—1838, Paris 1838.
— Vortrag auf der Sitzung der Soc. Géol. de France vom 29. Jan. 1838. — Bull. Soc. Géol. de France, Jg. 1837—1838, Paris 1838.
— De la chronologie des terrains et du synchronisme des formations. — Comptes Rendus Hebdomadaires des Séances de L'Académie des Sciences, 20, Paris 1845.
PUFFE, E.: Die Minerallagerstätten des südwestlichen Vogtlandes, ein Beitrag zur Kenntnis von Übergangslagerstätten. — N. Jb. Min. Geol. Paläont., Beil.-Bd., 74, Abt. A, Stuttgart 1938.
PUSTOWALOW, L. W.: Geochimitscheskij fazii i ich snatschenije w obschtschej i prikladnoj geologii. — Problemy Sowetskoj Geologii, 1 (1933).
RADOICIĆ, R.: Mikrofacije krede i starijeg tercijara sloljnih dinarida Jugoslavje. — Zavod za geol. istraživanja N. R. Crne Gore, 4, 1, Titograd 1960.
RAUMER, C. v.: Das Gebirge Nieder-Schlesiens, der Grafschaft Glatz und eines Theils von Böhmen und der Ober-Lausitz. — Berlin 1819.
RENEVIER, E.: Les facies géologiques. — Archives Sci. Phys. et Nat., 3, 12 (1884).
REYER, E.: Theoretische Geologie. — Stuttgart 1888.
RICHTER, G.: Geologische Gesetzmäßigkeiten in der Metallführung des Kupferschiefers. — Arch. Lagerstättenforsch., 73 (1941).
RICHTER, H.: Zur Geologie der westlichen Lahnmulde. — Cbl. Min. Geol. Paläont., Stuttgart 1923.
RIEVIÈRE, A.: Expression analytique générale de la granulométrie des sédiments meubles. — Bull. Soc. Géol. France, 6, 2 (1952).
ROQUES, M.: Les schistes cristallins de la partie sud-ouest du Massif Central français. — Mém. Serv. Carte géol. France (1941).
ROSSMÄSSLER, E. A.: Die Geschichte der Erde. — Stuttgart 1888.
SALOMON, W.: Das Gesteinsmaterial der Erdkruste. — In W. SALOMON: Grundzüge der Geologie, Bd. 1, Stuttgart 1924.

– Grundbegriffe der Erdgeschichte. – In W. Salomon: Grundzüge der Geologie, Bd. 2, Stuttgart 1926.

Sander, B.: Über tektonische Gesteinsfazies. – Verh. geol. Reichsanst., Wien 1912.

Schaffer, F. X.: Grundzüge der Allgemeinen Geologie. – Leipzig und Wien 1916.

Scheibe, R.: Über Kontaktgesteine im Kleinen Thüringer Wald auf Blatt Schleusingen. – Jb. k. preuß. geol. Landesanst. u. Bergakad. Berlin, **25**, Berlin 1907.

Scheumann, K. H.: Über die Bedeutung der mineralfaziellen Analyse für die Auffassung der metamorphen Gesteine. – Ber. sächs. Akad. Wiss., Math.-Phys. Kl., **84** (1931).

Schieferdecker, A. A. G.: Geological Nomenclature. – Gorinchen 1959.

Schindewolf, O. H.: Grundlagen und Methoden der paläontologischen Chronologie. – 2. und 3. Aufl., Berlin 1944 und 1950.

Schmidt, C. W.: Wörterbuch der Geologie, Mineralogie und Paläontologie. – Berlin und Leipzig 1928.

Schmidt, H.: Schwellen- und Beckenfazies im ostrheinischen Paläozoikum. – Z. deutsch. geol. Ges., **77**, Berlin 1926.

– Die bionomischen Grundlagen der Fazieskunde. – Z. deutsch. geol. Ges., **85**, Berlin 1934.

– Die bionomische Einteilung der fossilen Meeresböden. – Fortschr. Geol. Paläont., **12**, 38, Berlin 1935.

– Ökologie und Erdgeschichte. – Z. deutsch. geol. Ges., **96**, Berlin 1947.

Schneiderhöhn, H.: Lehrbuch der Lagerstättenkunde. – Bd. 1, Jena 1941.

Scupin, H.: Paläogeographie – Grundlagen und Forschung. – Stuttgart 1940.

Seidl, E.: Grundsätzliche Beziehungen zwischen Tektonik und Faziesbildung in den Nördlichen Kalkalpen und den Schweizer Alpen im Mesozoikum und Känozoikum. – Z. deutsch. geol. Ges., **80**, Berlin 1929.

Seitz, O.: Über Raum- und Zeitvorstellung in der Stratigraphie und deren Bedeutung für die stratigraphischen Grundprinzipien. – Sitz.-Ber. preuß. geol. Landesanst., **6**, Berlin 1931.

Sieberg, A.: Geologische Einführung in die Geophysik. – Jena 1927.

Simon, W.: Zeitmarken der Erde. – Braunschweig 1948.

Sindowski, K.-H.: Sediment und Fauna im Dogger des Breisgaues. – Z. deutsch. geol. Ges., **88**, Berlin 1937.

Sonder, R. A.: Mechanik der Erde. – Stuttgart 1956.

Steffens, H.: Geognostisch-geologische Aufsätze als Vorbereitung zu einer innern Naturgeschichte der Erde. – Hamburg 1810.

Steno, N.: De solido intra solidum naturaliter contento dissertationis prodromus. – Florenz 1669. Nachdrucke: Leyden 1679, Pistoja 1743, Berlin 1904, Kopenhagen 1910.

– Vorläufer einer Dissertation über feste Körper, die innerhalb anderer fester Körper von Natur aus eingeschlossen sind. – Deutsche Übers. v. K. Mieleitner in Ostwald's Klassiker exakt. Naturwiss., **209**, Leipzig 1923.

Stifft, O. B.: Auszug aus einem Brief vom 6. 7. 1824 an K. C. v. Leonhard. – Z. Min., Bd. 1, Frankfurt (Main) 1825.

Stille, H.: Grundlagen der vergleichenden Geotektonik. – Berlin 1924.

Stiny, J.: Technische Geologie. – Stuttgart 1922.

Strausz, L.: Geologische Fazieskunde. – Mag. Kir. Földtani Intézet Évkönyve, **28**, Budapest 1928.

Suess, E. & E. v. Mojsisovics: Studien über die Gliederung der Trias- und Jurabildungen in den östlichen Alpen. – Jb. geol. Reichsanst., **18**, Wien 1868.

Teichert, C.: Concepts of facies. – Bull. Amer. Assoc. Petrol. Geol., **42**, Tulsa, Oklah., 1958.

Tilley, C. E.: The facies classification of metamorphic rocks. – Geol. Mag., **61** (1924).

Tobler, A.: Über Faciesunterschiede der unteren Kreide in den nördlichen Schweizeralpen. – N. Jb. Min. Geol. Paläont., Bd. 2, Stuttgart 1899.

Toula, F.: Lehrbuch der Geologie. – Wien 1900.

Trusheim, F.: Über die Beziehungen zwischen geschichteter und ungeschichteter Fazies im höheren Malm der östlichen Altmühl-Alb. – Z. deutsch. geol. Ges., **105**, Hannover 1955.

Vogt, T.: Sulitelmafeltets geologi og petrografi. – Norges geol. Unders., N. R., **121** (1927).

Voltz, P. L.: Aperçu de la Topographie Minéralogique de l'Alsace. – Strasbourg 1828.

– Brief an H. G. Bronn vom 22. Dez. 1830. – Jb. Min. Geogn. Geol. Petrefaktenkde., Heidelberg 1831.

Wagner, P.: Lehrbuch der Geologie und Mineralogie. – Leipzig und Berlin 1917.

Walther, J.: Einleitung in die Geologie als historische Wissenschaft. – Bd. 1 und 2, Jena 1893.

– Über die Lebensweise fossiler Meerestiere. – Z. deutsch. geol. Ges., **49**, Berlin 1897.

– Vorschule der Geologie. – Jena 1918.

– Bau und Bild der Erde. – Leipzig 1928.

Watznauer, A.: Kritische Bemerkungen zur wissenschaftlichen Begriffsbildung. – Z. angew. Geol., **2**, Berlin 1956.

Wentzlau, D.: Stratinomische, stratigraphische und tektonische Untersuchungen in den mittleren Siegener Schichten südöstlich des Siegener Schuppensattels auf den Blättern Freudenberg und Siegen. – Abh. hess. L.-A. Bodenforsch., **29**, Wiesbaden 1960.

Wenz, W.: Geologie. – Heidelberg 1920.

Westermann, G.: Biostratigraphische Untersuchungen im Jura südlich der Sierra de la Demanda (Nordspanien). – Geol. Jb., **70**, Hannover 1955.

Zittel, K. A. v.: Geschichte der Geologie und Paläontologie bis Ende des 19. Jahrhunderts. – München und Leipzig 1899.

Der Bergbau Griechenlands

Fritz Hess, Berlin

Griechenland verfügt über bedeutende Vorkommen abbauwürdiger Bodenschätze. Die wichtigsten derselben sind Bauxit, Chromerz, Magnesit, Antimonerz, Blei- und Zinkerz, Manganerz, Pyrit, Eisenerz, Baryt, Schmirgel, Braunkohle und der berühmte griechische Marmor.

Die gegenwärtig in Griechenland geförderten Erze werden fast ausschließlich exportiert. Nach Angaben von Regierungsstellen gehen 90% der Erzproduktion ins Ausland. Ihr Wert belief sich 1960 auf rund 530 Mill. Drachmen.

Die Tab. zeigt die Produktionsentwicklung einiger wichtiger Bergbauerzeugnisse Griechenlands.

Einen schnellen Aufschwung nahm seit 1950 die Produktion von sulfidischen Erzen.

Zahlreiche Vorkommen an Chrom-, Mangan-, Molybdän- und Antimonerzen ebenso wie die Vorkommen an Asbest, Magnesit usw. in Griechenland sind an die Zonen basischer und ultrabasischer Gesteine (Abb.) gebunden.

So liegen in der NW — SE streichenden, über 100 km langen und einige km breiten Serpentinzone, die sich aus der Umgebung von Saloniki bis auf die Halbinsel Kassandra erstreckt, reiche Chromit- und Magnesitvorkommen. Ihr zentraler Teil enthält bei Vavdos z. B. bedeutende Magnesitlagerstätten. Die nachgewiesenen Magnesitvorräte dieses Gebietes werden auf 325000 t, die der Chromite auf ca. 10000 t geschätzt. Die vermuteten Vorräte an Magnesit können jedoch ca. 850000 t betragen.

Andere Magnesitvorkommen neben denen von Chalkidike liegen auf der Insel Euböa. Ihre Vorräte werden auf mehrere Milliarden Tonnen geschätzt. In letzter Zeit wurden dort Maßnahmen zur Steigerung der Produktion durch den Bau von Anlagen für kaustische und doppelgebrannte Magnesia mit einer Mindestkapazität von 20000 jato eingeleitet.

Die Magnesitproduktion Griechenlands lag bis 1959 unter dem Niveau der Vorkriegsjahre, als sie zeitweilig ein Zehntel der Weltförderung erreichte. Von der Magnesitproduktion des Jahres 1958, ca. 90000 t, wurden nur etwa 3000 t im Inland verarbeitet. Die übrige Menge wurde teils im Rohzustand, teils als kaustische oder doppelgebrannte Magnesia exportiert.

Die Manganerzförderung, hauptsächlich in Mazedonien (Tartara) konzentriert, ist mengen- und qualitätsmäßig weiterhin unbedeutend.

Die Förderung von Eisenerzen war in den Jahren 1958 und 1959 zurückgegangen. Sie hat den Stand von 1938 auch im bisher besten Nachkriegsjahr (1957) nur wenig übertroffen. Die Vorräte werden auf mehrere Dutzend Millionen Tonnen geschätzt. Sie liegen vor allem in Mittelgriechenland, Mazedonien und auf einigen Inseln. Auf Kreta und Thasos werden z. Z. Erkundungsbohrungen niedergebracht. Die Eisenerzvorkommen der in der Nordägäis liegenden Insel Thasos sind nach den bisherigen Untersuchungsergebnissen die bedeutendsten in Griechenland überhaupt und rangieren direkt hinter den Vorkommen auf der Insel Seriphos (Kykladen). Auf Grund dieser Vorkommen rechnet man mit einer Erhöhung der griechischen Eisenerzförderung auf 550000 t bis zum Jahre 1964. Davon sollen ca. 400000 t im Inland verarbeitet werden, da neuerdings der Aufbau einer eigenen Stahlindustrie vorgesehen ist. Die Ausfuhr betrug 1960 346000 t.

An chrom- und nickelhaltigen Eisenerzen wurden durch geologische Erkundungsarbeiten, neben den bekannten Lagerstätten bei Laryma, ausgedehnte Lagerstätten im Gebiet von Lokris und auf der Insel Skyros festgestellt.

Die Gewinnung von Blei und Zink wird zusammen mit der Förderung der Eisenerze in den Bergwerken von Laurion bei Athen betrieben. Die Produktion von Blei- und Zinkkonzentraten zeigte in den Nachkriegsjahren einen raschen Aufschwung. Gegenwärtig laufen in Thrazien geologische und geophysikalische Untersuchungsarbeiten auf Zinkerze. Die stillgelegten staatlichen Zinkergruben von Kirkis in Thrazien sollen nach Möglichkeit wieder in Betrieb genommen werden. Die dortigen Vorräte werden auf 1,25 Mill. t geschätzt. Auch die Bauwürdigkeit von neuen Kupfer-, Molybdän- und Antimonerzvorkommen wird geprüft.

Die auf der Halbinsel Chalkidike festgestellten Lagerstätten an reichen Kupfererzen sollen demnächst abgebaut werden.

Pyrit wird hauptsächlich auf der Halbinsel Chalkidike, jedoch auch bei Hermioni auf dem Peloponnes gewonnen. Die Produktion des Vorkriegsjahres 1938 konnte bisher noch nicht übertroffen werden. Die Pyritlagerstätten bei Stratoniki auf der Kassandra-Halbinsel (Chalkidike) weisen noch erhebliche Vorräte gehaltvollen Erzes auf.

Eine andere Pyritlagerstätte wird bei Karakassi auf der Argolis-Halbinsel (Peloponnes) abgebaut. Hier treten Diabase mit ihren Tuffen und Peridotite, die teilweise in Serpentin umgewandelt sind, auf.

Der Peridotit wird in der Kontaktzone von Erzkörpern begleitet, die Chromit, Magnesiumkarbonat und Eisenmanganerz enthalten. Diese Lagerstätten wurden während einiger Jahre abgebaut. Der Pyrit von Karakassi soll, den bisherigen Erkundungsarbeiten entsprechend, hydrothermalen Ursprungs sein (G. A. AROIN 1953). Die Erzkörper lagern linsenförmig konkordant in den umgebenden Gesteinsschichten. Die Pyritlinsen treten überwiegend am Kontakt der Diabase mit den Schiefern, manchmal aber auch ausschließlich im Schiefer selbst, auf, aber immer in unmittelbarer Nähe der Diabase.

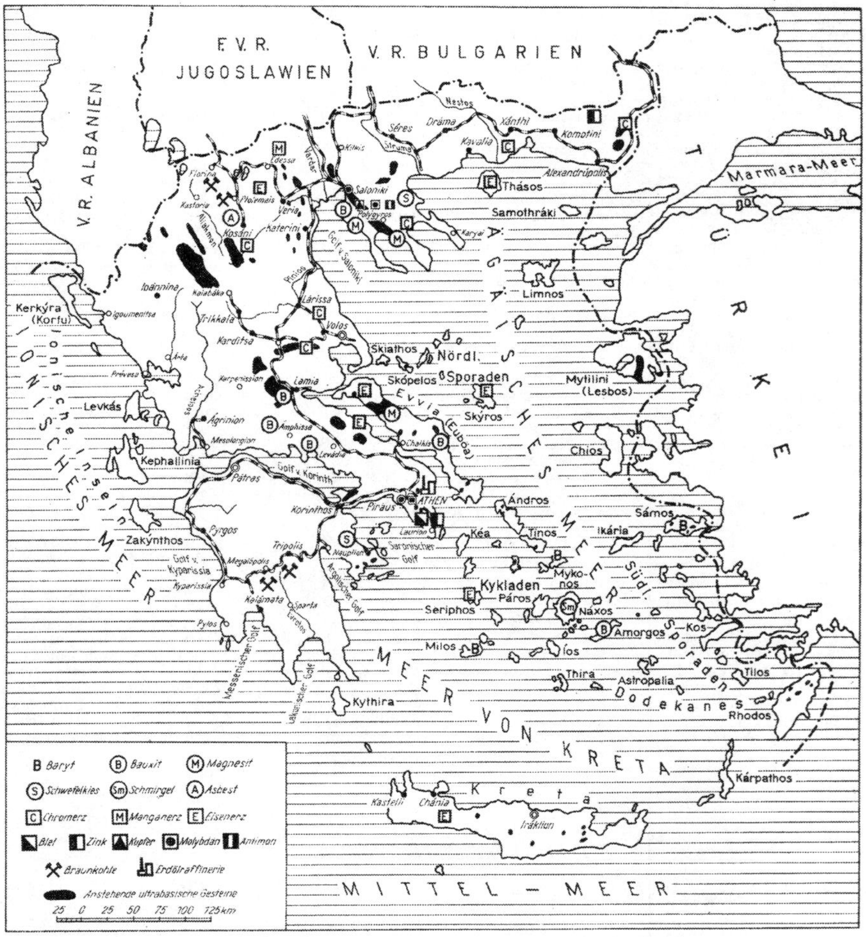

Karte der Vorkommen mineralischer Rohstoffe Griechenlands

Die Braunkohlenlagerstätten Griechenlands und die Braunkohlenförderung sind nicht an den Maßstäben der DDR zu messen. Von 1938 bis 1960 stieg die Produktion Griechenlands um das rund 23fache von 108000 t auf 2,5 Mill. t. Die größten Braunkohlenlagerstätten befinden sich einmal im Gebiet von Ptolemais in Westmazedonien, an der Eisenbahnlinie Kozani—Florina. Das andere Vorkommen liegt im Gebiet von Megalopolis im Zentralpeloponnes.

Die Braunkohle des Ptolemais-Beckens ist erdig und von grauer bis grauschwarzer Farbe. Die Anzahl der Flöze wie ihre Mächtigkeit wachsen zum Innern des Beckens an. Die durchschnittliche Mächtigkeit der Kohlenflöze wechselt stark und beträgt im Beckeninnern bis zu 20 m. Im Zentralgebiet des Kohlenbeckens ist das Verhältnis der hangenden Schichten zu den Kohlenflözen 1:1.

Die nachgewiesenen Vorräte an Braunkohlen im Ptolemais-Becken werden, einschließlich der im Komanos-Tal lagernden und aus hydrogeologischen Gründen wohl schwer gewinnbaren, mit 845 Mill. t angegeben. Die Flöze liegen nahezu horizontal.

Das Braunkohlenbecken von Megalopolis stellt ein jüngeres tektonisches Senkungsgebiet im System des großen Grabens des Eurotas-Tales in Lakonien dar. Die lignitführende Serie des Beckens von Megalopolis ist somit den pleistozänen Schichten zwischengelagert. Die kohleführenden Schichten lagern im großen und ganzen ungestört horizontal.

Die nachgewiesenen Vorräte allein in einem Gebiet von 3,6 km² beiderseits des Alfios westlich Megalopolis betragen 236 Mill. t.

Die Braunkohle von Megalopolis hat einen hohen Wasser- und Aschegehalt. Sie ist plastisch, sehr erdig und hat eine schwammartige Textur.

Die chemischen Analysen der Rohkohle ergaben nach G. MARINOS, J. ANASTOPOULOS & N. PAPANIKOLAOU (1959) folgende Anteile:

Wasser	54—65%
flüchtige Bestandteile	15—23%
fixer Kohlenstoff	2—12%
Asche	8—23%
Schwefel	0,56—1,74%

Eine weitere Braunkohlenlagerstätte wird bei Aliveri auf Euböa abgebaut. Insgesamt schätzen die Geologen die Braunkohlenvorkommen für ganz Griechenland auf mehrere Milliarden Tonnen.

Entsprechend dem Fünfjahrprogramm rechnet die griechische Regierung damit, daß der Verbrauch an Braunkohle im Lande von 1,4 Mill. t (1959) bis 1964 auf 6,6 Mill. t ansteigen wird, wovon u. a. 4,8 Mill. t in Ptolemais, 650000 t in Aliveri und 550000 t in Megalopolis gefördert werden sollen.

Erdöl und Erdgas werden in Griechenland bisher noch nicht gefördert. Es wurden aber an britische, amerikanische und französische Gesellschaften Konzessionen in verschiedenen Landesteilen gewährt. Auch rumänische und westdeutsche Erdölexperten beteiligen sich an den Sucharbeiten. Als höffigstes Gebiet Griechenlands gilt gegenwärtig das Molitza-Tal im Polylophos—Dragopsa-Gebiet westlich von Jannina, der Hauptstadt des Epirus.

Die Industrie der Steine und Erden ist in Griechenland insbesondere durch die Gewinnung von Pozzuolan, Bimsstein, Marmor und Kaolin vertreten.

Die Bauxitförderung steht den Produktions- und Ausfuhrmengen nach an der Spitze des griechischen Bergbaus. Sie hat sich von 1950—1959 ständig erhöht. Die gesamte Bauxitförderung wird gegenwärtig exportiert, da der Aufbau einer eigenen Aluminiumindustrie erst für die nächsten

Produktion von Bergbauerzeugnissen in Griechenland (in 1000 t)

	1938	1950	1956	1957	1958	1959	1960
Baryt	35	21	26	130	154	130	103
Bauxit	180	77	698	833	856	918	885
Chromit	42	13	79	73	66	65	46
Gemischte schwefelhaltige Erze	31	7	186	271	314		
Magnesit (roh)	168	26	62	48	89	112	190
Magnesit (kalziniert)	37	10	24	19	33		
Manganerz	7	0	8	16	20	20	
Nickelerz	50	—	80	117	55		
Eisenerz	349	5	328	431	279	225	300
Schwefelkies	244	88	241	234	163	129	164
Schmirgel	8	5	8	7	7	7	7
Bleikonzentrat	—	2	11	11	16		
Zinkkonzentrat	—	6	19	20	30	29	
Talk	1	2	2				
Schwefel (99%)	0	1,3	2,9				
Perlit					8,3	2	
Steatit	1	3	2	2	2	0	
Seesalz	96	97	93	90	96		
Braunkohle	108	180	798	988	1193	1610	2540
Bimsstein			70	56	45		
Pozzuolan			85	80	86		
Marmor	0,9	0,6	3,0	3,3	5,4		

Jahre vorgesehen ist. Die Hauptlagerstätten befinden sich in Mittelgriechenland im Gebiet von Delphi und bei Eleusis in Attika; weitere liegen bei Lamia, auf der Halbinsel Chalkidike und auf den Inseln Euböa und Amorgos.

Die Bauxite in Attika entstanden auf den kristallinen Massiven der Oberen Trias, die geologisch der sog. Parnas-Ghiona-Zone (RENZ 1913) angehören. Die Mächtigkeit der Lager schwankt zwischen einigen Zentimetern bis zu 20 m. Die Bauxite dieses Gebietes treten in zwei Varietäten, entweder kompakt oder in bröckeliger Ausbildung, auf. Beide Varietäten sind rot bzw. fleischfarben und von pisolithischer Struktur.

Die chemische Zusammensetzung der Bauxite des Eleusis-Mandra-Reviers schwankt in den folgenden Grenzen: SiO_2 — 0,7—2%, Al_2O_3 — 45—57%, FeO_3 — 21—31%, TiO_2 — 2,7%, Ca+Mg — 0—5,13%, MnO — 0,17%, Glühverlust — 8,65—13,72%.

Die Vorräte an Bauxit im Eleusis-Mandra-Gebiet wurden (Febr. 1950) mit 4,5 Mill. t berechneten und 5,0 Mill. t vermuteten angegeben.

Die Produktion von Schmirgel (Korund), bei der Griechenland 1952 einen Anteil von rund 30% an der Weltproduktion hatte, leidet unter der Konkurrenz synthetischer Schleifmittel. Bei einer Erhöhung des Korundgehalts im Rohmaterial auf über 90% rechnet man jedoch mit Exportmöglichkeiten von 10000 bis 12000 t jährlich.

Die Schmirgellagerstätten treten verstreut im gesamten Komplex der kristallinen Schiefer auf, der den Ostteil der Insel Naxos einnimmt. Besonders häufig kommen sie jedoch in einem dem zentralen Migmatitkörper östlich vorgelagerten Massiv aus kristallinen Schiefern vor, in denen Marmor und Glimmerschiefer wechsellagern.

Der Schmirgel tritt in Linsen von verschiedenen Dimensionen innerhalb der Marmore auf, so in den Marmoren von Keramoti, Amomaxi, Phanari und Za. Die hauptsächlichsten Schmirgellagerstätten konzentrieren sich in der Umgebung von Amonysi.

Man nimmt an, daß die Schmirgellagerstätten von Naxos im hydrothermalen Prozeß während der Endphase der Pegmatitbildung im Zuge der Herausbildung des migmatischen Tiefengesteinskörpers der Insel entstanden sind.

Literatur

AROIN, G. A.: Die Bauxite des Eleusis-Mandra-Reviers. — Geol. and Geophys. Research, Inst. Geol. and Subsurface Research, 3, S. 171—200, Athen 1953.

MARINOS, G., J. ANASTOPOULOS & N. PAPANIKOLAOU: Das Braunkohlenbecken von Megalopolis. — Inst. Geol. and Subsurface Research, 5, Nr. 3, 1—51, Athen 1959.

NICULESCU, C.: Contributions à la géologie de l'Epire (environs de Janina). — Bull. sect. scient. de l'Acad. Roumaine, 3, 23—34, Bukarest 1915.

NOWACK, E.: Die bisherigen Ergebnisse der Erdölbohrungen in Albanien. — Petroleum, 26, 995—998, Berlin—Wien 1930.

RENZ, C.: Geologische Untersuchungen im Epirus. — Centralbl. Min., Geol. u. Paläont., 534—551, Stuttgart 1913.

TRIKKALINOS, I.: Über die Diskontinuität der orogenen Bewegungen im albanisch-griechischen Gebiet. — Prakt. de l'Acad. d'Athènes, 21, 19—27 (1946).

Zum Gedenken an HANS SCHNEIDERHÖHN

Anfang August dieses Jahres verstarb in Sölden über Freiburg i. Br. nach schwerer Krankheit im Alter von 75 Jahren HANS SCHNEIDERHÖHN. Mit dem Hinscheiden dieses Mineralogen und Geologen verliert die deutsche Lagerstättenforschung einen ihrer bedeutendsten Vertreter.

Am 2. Juni 1887 in Mainz geboren, gehört SCHNEIDERHÖHN einer deutschen Geologengeneration an, aus der eine sehr große Zahl bedeutender Forscher hervorgegangen ist. Er studierte von 1906 bis 1909 in Freiburg i. Br., München und Gießen Mineralogie, Geologie, Chemie, Physik und Mathematik und promovierte 1909 bei ERICH KAISER mit einer Arbeit über „Nichtbasaltische Gesteine im südwestlichen Westerwald". Nach einer kurzen Assistentenzeit am Gießener Mineralogischen Institut bei ERICH KAISER, während der er auch noch die Prüfung für das höhere Lehramt ablegte, war er von 1911 bis 1914 erster Assistent am Mineralogisch-Petrographischen Institut der Berliner Universität bei TH. LIEBISCH. 1914 untersuchte er im Otavi-Bergland in Südwestafrika die dortigen Buntmetall-Lagerstätten, vor allem Tsumeb, und wurde dabei vom Ausbruch des ersten Weltkrieges überrascht. Er war dadurch gezwungen, während des ganzen ersten Weltkrieges in dem dortigen Gebiet zu arbeiten. Nach dem Krieg nach Deutschland zurückgekehrt, beschäftigte er sich eingehend mit der erzmikroskopischen Methodik. Nach einem kurzen Aufenthalt am Mineralogischen Universitätsinstitut in Frankfurt a. M. übernahm er Ende 1920 eine planmäßige außerordentliche Professur für Mineralogie an der Universität Gießen. In nächster Nachbarschaft von Wetzlar entwickelte er mit dem wissenschaftlichen Leiter der Leitz-Werke, MAX BEREK, die notwendigen Geräte und Methoden für erzmikroskopische Untersuchungsarbeiten. Im Gegensatz zu der amerikanischen Methode, vor allem durch diagnostische Ätzung spezifische Unterschiede in den einzelnen Erzmineralien festzustellen, ging SCHNEIDERHÖHN mit BEREK daran, die kristalloptischen Grundlagen im reflektierten Licht an polierten Kristallflächen und ihre Veränderungen im Polarisationszustand reflektierter Wellen genauestens zu untersuchen. Mit einem ständig wachsenden Schülerkreis wurden dabei von SCHNEIDERHÖHN nicht nur die Methodik dieses speziellen Untersuchungsverfahrens entwickelt, sondern auch mit dieser Methodik eine große Anzahl von Lagerstätten auf modernste Weise untersucht.

1924 folgte SCHNEIDERHÖHN einem Ruf als ordentlicher Professor und Direktor des Mineralogischen Instituts an der Technischen Hochschule zu Aachen und 1926 als ordentlicher Professor und Institutsdirektor an die Universität Freiburg i. Br., wo er bis zu seiner Emeritierung im Jahre 1955 tätig war. Die auf den ersten Weltkrieg zurückgehenden Untersuchungsarbeiten mit Hilfe der Erzmikroskopie führten dazu, daß er bereits 1931 gemeinsam mit PAUL RAMDOHR ein zweibändiges Werk als Lehrbuch der Erzmikroskopie herausgeben konnte, das eine bedeutende Erweiterung und Vertiefung einer bereits im Jahre 1922 von ihm verfaßten und von der Firma Leitz herausgegebenen Anleitung dieser Methode bedeutete. Später, nach dem letzten Krieg, wurde dieses zweibändige Werk getrennt von RAMDOHR für die Erzmineralien und ihre Verwachsungen und von SCHNEIDERHÖHN als Erzmikroskopisches Praktikum herausgegeben. Diese methodische Arbeit war die Grundlage für das Sammeln von Erkenntnissen auf dem Gebiet der modernen Erzlagerstättenkunde, die grundlegend für die deutsche Lagerstättenforschung und im speziellen für die Lagerstättensystematik werden sollten. SCHNEIDERHÖHN fußte bei seinen Anschauungen über die Lagerstättensystematik und Lagerstättenklassifikation auf den nunmehr schon als klassisch anzusehenden Arbeiten von LINDGREN, PAUL NIGGLI und V. M. GOLDSCHMIDT, die ihn dazu brachten, daß er bereits 1919 eine erste Arbeit über die Grundlagen einer genetischen Lagerstättensystematik herausgab. Durch Erweiterung und Vertiefung entstand 1926 daraus eine vollständig neue Systematik der Erzlagerstätten auf genetischer, physikalisch-chemischer und geochemischer Grundlage, die im Laufe der Jahre weiter ausgebaut wurde. Von großer Bedeutung war hierbei seine langjährige Tätigkeit als Mitredakteur bei dem Neuen Jahrbuch für Mineralogie, Geologie und Paläontologie und dem Zentralblatt.

Von besonderem Wert wurde bei diesen Arbeiten die Verknüpfung von geochemischen und lagerstättengenetischen Gesichtspunkten mit den Gedanken über die regional-tektonische Entwicklung unserer Erdkruste in Form einzelner großtektonischer Zeitabschnitte, wie sie von STILLE u. a. erkannt wurden. SCHNEIDERHÖHN war bahnbrechend auf diesem Gebiet zwischen regional-geologischen und lagerstättengenetischen Problemstellungen. Besonders von Interesse waren in letzter Zeit in dieser Hinsicht die Auseinandersetzungen, die er über die Frage der Regeneration von Krustenteilen und der damit verbundenen Regeneration von Lagerstätten führte. Diese Diskussion, die auch heute noch nicht abgeschlossen ist, führte zu neuen Anschauungen über die Frage der Lagerstättenbildung insbesondere in jungen alpinotypen Faltengebirgen. Sie brachte es mit sich, daß in jeder neuen Auflage seines Lehrbuchs für Lagerstättenkunde (Kurzvorlesungen) immer wieder neue Erkenntnisse gebracht wurden, die dieses Buch zu einem der wertvollsten und führenden Lehrbücher der Lagerstättenkunde in der Welt gemacht haben. Darüber hinaus hat es SCHNEIDERHÖHN im hohen Maße erreicht, daß eine große Zahl von befähigten Schülern aus seiner Schule hervorgegangen sind. Zu nennen sind hier vor allem A. CISSARZ, der leider zu früh verstorbene D. HOENES, K. M. MEHNERT, G. REIN, W. WIMMENAUER u. a., mit denen er nicht nur Lagerstättenprobleme in aller Welt bearbeitete, sondern vor allem auch noch in seiner näheren heimatlichen Umgebung im Schwarzwald das Grundgebirge und die darin enthaltenen Lagerstätten petrographisch und lagerstättenkundlich neu bearbeiten ließ.

Nach seiner Emeritierung hat er sich vor allem mit der Herausgabe des großen Lagerstättenwerkes „Die Erzlagerstätten der Erde" befaßt, das eine bedeutend erweiterte Neuauflage und Fortsetzung des bereits 1941 von ihm herausgegebenen Band I „Magmatische Lagerstätten einer Erzlagerstättenkunde" werden sollte. Die zwei inzwischen erschienenen ersten Bände über die liquidmagmatischen und die pegmatitischen Erzlagerstätten zeugen von der Großartigkeit dieses Unternehmens, das er nun leider unvollendet aus der Hand legen mußte.

Alle diese Arbeiten und die Zusammenarbeit mit seinem großen Freundes- und Schülerkreis bewiesen immer wieder, wie lebendig und mit der Praxis verbunden es SCHNEIDERHÖHN verstanden hat, die Lagerstättenforschung zu pflegen. Wir alle verlieren deshalb mit seinem Hinscheiden nicht nur den großen Forscher, Kenner und Deuter der genetischen Zusammenhänge in den Erzlagerstätten, sondern darüber hinaus auch den Menschen, der es verstanden hat, gemeinsam mit den Fachgenossen aus aller Welt der Lagerstättenforschung neue Impulse zu geben.

Als Zeichen der äußeren Anerkennung und Ehrung hat SCHNEIDERHÖHN die Mitgliedschaft in vielen Akademien neben anderen Auszeichnungen erhalten. Er war ordentliches Mitglied der Heidelberger Akademie der Wissenschaften, korrespondierendes Mitglied der Akademie der Wissenschaften in Göttingen und der Deutschen Akademie der Naturforscher in Halle, Mitglied der Academia dei Lincei in Rom, korrespondierendes Mitglied der Geologiska Föreningen in Stockholm und der Geological Society of China sowie Vizepräsident für Europa der Society of Economic Geologists.

Wir alle trauern, daß HANS SCHNEIDERHÖHN von uns gegangen ist.

E. KAUTZSCH

Besprechungen und Referate

TSCHERNOW, A. A.

Die hypergene Zonalität in Sulfid-Uran-Lagerstätten und die Ursachen ihrer Entwicklung

In: „Fragen der Geochemie III", Akad. Wiss. UdSSR, Arbeiten d. Inst. f. Geol. d. Erzlagerst., Petrogr., Min. u. Geochemie; Wypusk 70, Moskau 1962; S. 163—181

Bei der Untersuchung portugiesischer Uranlagerstätten konnte DUPARC (1925) eine charakteristische Zonalität in der Ausbildung der Oxydationszone feststellen: An der Oberfläche beobachtete er zunächst eine relativ mächtige Zone von Uranglimmern, darunter einen Gürtel ohne jegliche Uranminerale und schließlich eine noch tiefere Zone, in der Uranschwärze auftrat. An sowjetischen Lagerstätten machte MELKOW (1957) analoge Feststellungen. Auf Grund seiner Beobachtungen ließen sich sogar fünf Zonen ausgliedern: 1. ein Bereich mit Uranophan und U-haltigen Mineralen (Hyalit, Limonit, Kalzit); 2. ein Bereich mit Autunit, Torbernit, Zeunerit u. a.; 3. eine Zone, in der Uranminerale gänzlich fehlen; 4. eine Zone mit reliktischer Uranschwärze; 5. die Zementationszone mit regenerierter Uranschwärze.

Diese Gliederung der hypergenen Zone von Sulfid-Uran-Lagerstätten hat in zahlreichen Lehr- und Nachschlagebüchern Verbreitung gefunden. Die Untersuchungen des Autors konnten jedoch nachweisen, daß die von MELKOW und DUPARC beschriebene Zonalität durchaus keinen universellen Charakter trägt. In einer Reihe von Lagerstätten wurde überhaupt keine Zonalität in der Verteilung der hypergenen Uranminerale beobachtet, in anderen fehlt die taube Zone, und die Zonalität selbst weist eine andere Ausbildung auf. Am häufigsten wurden vom Autor zwei besonders charakteristische Varianten angetroffen:

Der erste Zonalitätstyp ist besonders in Gebieten mit ausgeglichenen Reliefformen entwickelt, wo der Erosionsprozeß stark hinter dem Vordringen der Oxydationszone zurückbleibt. Innerhalb dieses Typs lassen sich folgende Subzonen ausgliedern:

1. Paraschoepit-Schröckingerit-Subzone. In dieser Subzone, die oberhalb des Grundwasserspiegels liegt, treten die Hydroxyde Paraschoepit und Schröckingerit sowie einzelne Uranglimmer auf. Am häufigsten kommen Paraschoepit und Torbernit vor, wobei Paraschoepit die oberen und Torbernit die unteren Bereiche der Subzone bevorzugen. Verbreitet sind außerdem Jarosit, Kaolinit, Fe-Mn-Hydroxyde und Gips.

2. Autunit-Torbernit-Subzone. Der größte Teil dieser Subzone liegt gleichfalls oberhalb des Grundwasserspiegels. Neben Autunit und Torbernit treten vor allem Limonit, Kaolinit und Mn-Hydroxyde auf. In den oberen Bereichen der Subzone herrscht Autunit gegenüber Torbernit vor.

3. Uranschwärze-Subzone. In den oberen Teilen dieser Subzone erscheinen noch Uranglimmer und Uranschwärze nebeneinander. Als typische Begleiter sind Limonit, Mn-Oxyde, Kaolinit, Malachit, Covellin und Bornit zu beob-

achten. Recht häufig sind Relikte der primären Sulfide und von Pechblende erhalten geblieben.

Der zweite Zonalitätstyp ist hauptsächlich in Gebieten mit stark gegliedertem Relief anzutreffen. Hier fehlen Uranhydroxyde gänzlich; die Oxydationszone beginnt an der Oberfläche sofort mit Uranglimmern. Es lassen sich drei hypergene Subzonen aushalten:

1. Uranglimmer-Subzone. Das vorherrschende Mineral ist Torbernit, der in Oberflächennähe gelegentlich von Autunit verdrängt wird. Außerdem treten Zeunerit und Kasolit auf.

2. Glimmer-Uranschwärze-Subzone. In den oberen Bereichen herrschen noch Uranglimmer gegenüber Uranschwärze vor; in den unteren Bereichen sind die Verhältnisse umgekehrt. Neben Torbernit, Metatorbernit, Uranschwärze, geringen Mengen von Kasolit, Zeunerit und reliktischer Pechblende sind Fe-Mn-Hydroxyde, Jarosit, Malachit u. a. anzutreffen. Autunit fehlt in dieser Subzone.

3. Uranschwärze-Subzone. Neben Relikten von Pechblende und Sulfiden sowie Covellin und Chalkosin treten drei Varietäten von Uranschwärze auf, die sich nach morphologischen Kennzeichen und ihrem UO_3/UO_2-Verhältnis voneinander unterscheiden.

In der Arbeit werden die chemischen Analysen zweier Uranschwärze- und einer Uranophan-Probe sowie die UO_3/UO_2-Bestimmungen von acht Uranschwärzen mitgeteilt. Die geologische Stellung der untersuchten Lagerstätten, die vorgefundenen Mineralassoziationen, die Mineralverteilung in den Gängen usw. werden beschrieben und zum Teil durch Abbildungen erläutert. Gleichzeitig wird der Chemismus von Wasserproben aus den einzelnen Subzonen untersucht.

Im Anschluß an die Beschreibung des faktischen Materials werden die Ursachen diskutiert, die zur Ausbildung einer hypergenen Zonalität führen können. Die Veränderungen in der Zusammensetzung der Uranminerale in vertikaler Richtung und die Leichtigkeit, mit der die gegenseitige Vertretung der Kationen in den Uranglimmern vor sich geht, sowie die Hydrations- und Dehydrationsprozesse hängen offensichtlich mit dem Bau des Uranylions (lineares „Stäbchen" U-O-U) und der Uranylanionenschichten in der Struktur dieser Minerale zusammen. Das Auftreten einer von Uranmineralen freien Subzone wird vom Autor auf ganz besondere tektonische Verhältnisse zurückgeführt. E. HARLASS

HIRONAO NISHIHARA

Die Genese der Manganlagerstätte von Lucifer in Niederkalifornien (Mexiko)

Bol. de la Sociedad Geol. Mexicana, Vol. 20 (1957), Nr. 2

Die Sedimente des unteren Pliozäns lagern auf der erodierten Oberfläche der Vulkanite der Formation Comondú. Die Manganlagerstätte wird aus zwei Horizonten gebildet, die über dem Konglomerat der Formation Boleo liegen, das an vielen Stellen verworfen ist. Die horizontale Erstreckung liegt E—W bei 600 · 100 m. Die Mächtigkeit schwankt zwischen 0,5—2,0 m. Die Schicht besteht aus Manganoxyd — wahrscheinlich aus Pyrolusit —, ferner aus Kalzit, Eisenjaspis, Chalcedon und des öfteren Chrysokoll.

Der Autor spricht sich gegen die Theorie WILSONs von der magmatisch-hydrothermalen Entstehung der Lagerstätte aus. Alle hydrothermalen Lagerstätten, die dem Autor aus Japan, Korea und der Mandschurei bekannt sind, haben die Form von Gängen, die in Andesiten und Monzoniten vorkommen und auch durch die überlagernden Sedimentgesteine hindurchsetzen können. Sie führen Karbonate des Magnesiums und Mangans mit Manganoxyd. In größerer Teufe werden sie durch Quarz, Zinkblende, Bleiglanz und Pyrit vertreten. Die Salbänder sind stets stark propylitisiert.

Zusammenfassung und Anregungen

Die frühere Theorie von der magmatisch-hydrothermalen Entstehung der Manganlagerstätte Lucifer scheint auf völlig hypothetischen Argumenten zu beruhen. Sie stimmt nicht mit den Feldbeobachtungen überein.

Am wahrscheinlichsten ist, daß das Mangan der Lagerstätte Lucifer von magmatischen, sedimentären oder metamorphen Gesteinen der höhergelegenen Umgebung stammt, einschließlich aus den vulkanischen Gesteinen von Comondú, in denen die Oxyde, Silikate und Karbonate des Mangans am häufigsten vorkommen. Infolge der Auflösung durch die Verwitterung, des Transports von klastischem und gelöstem Material, der Konzentration und schließlich der Ausfällung des Oxyds im natürlichen Mangankreislauf kam es zur Bildung der Lagerstätte im Basishorizont des Pliozäns.

W. BACH

PENTELKOW, W. G.

Zur Frage der Korrelation von Granitintrusionen auf der Grundlage der Bestimmung des Lithium- und Beryllium-Gehaltes von Glimmern

„Geochimija", 6, Moskau 1962, S. 497—500

In der Arbeit werden die Li- und Be-Gehalte von Biotit und Muskovit verschiedener granitischer Gesteine der Hauptphasen, Nachphasen und des Ganggefolges aus drei Intrusionskomplexen des Talizky-Massivs (Gorny-Altai) untersucht, die jeweils frühkaledonischen (?), variskischen bzw. mesozoischen (?) Intrusionszyklen angehören. Die Bestimmung von Be wurde spektralanalytisch, die von Li mittels Flammenphotometrie durchgeführt.

Die Biotite aus unterschiedlichen Granitoiden des frühkaledonischen (?) Intrusionskomplexes enthalten durchschnittlich 0,031% Li, wobei sich die Li-Konzentration verschiedener Gesteinsvarietäten nur in unbedeutenden Grenzen ändert. Auch der Be-Gehalt (durchschnittlich 0,00032%) ist in Proben aus verschiedenen Intrusionsphasen nahezu konstant.

Die Biotite aus verschiedenen Gliedern des variskischen Intrusionskomplexes ähneln hinsichtlich ihres Gehaltes an Li (Mittelwert 0,037%) und Be (Mittelwert 0,00033%) außergewöhnlich stark denen der vorangegangenen Gruppe.

Ganz bedeutend höhere Konzentrationen wurden dagegen in den Granitoiden des mesozoischen (?) Komplexes ermittelt. Der mittlere Gehalt von Li liegt in Biotiten bei 0,233%; also etwa 7,5mal höher als in den Proben aus den beiden älteren Intrusionszyklen. Auch die Be-Konzentration in Biotiten der mesozoischen (?) Gruppe liegt mit durchschnittlich 0,00185% etwa 6mal höher als in den beiden älteren Komplexen.

Muskovitproben aus Gesteinen des mesozoischen (?) Komplexes enthalten durchschnittlich 0,091% Li und 0,00248% Be.

Die vorgefundene Verteilung von Li und Be in den Glimmern der drei altersverschiedenen Intrusionskomplexe stimmt mit dem beobachteten Auftreten von Li- und Be-Mineralen in bestimmten Gesteinstypen überein und weist auch Parallelen mit dem Vorhandensein bzw. Fehlen von Wolfram- und Molybdänlagerstätten in den einzelnen Komplexen auf.

Der Autor stellt fest, daß es möglich ist, in schlecht aufgeschlossenen Gebieten die Altersstellung granitischer Gesteine, deren geologische Situation nicht unmittelbar beobachtet werden kann, mit Hilfe der Li-Be-Bestimmung an Glimmern zu klären. E. HARLASS

LANGFORD, G. T.

Radiation surveys aid oil search

„World Oil", Houston, Jg. 154 (1962), 5, April, S. 114—119, 7 Abb.

Die bisherige Skepsis gegen die radiometrische Methode hat ihre Ursachen in ungeeigneter Instrumentation und falscher Interpretation. Nach der Theorie des Autors entstammt das radioaktive Material direkt dem Öl, migrierende Methanmoleküle dienen als Träger für diese Stoffe und tragen sie nach oben, wo sie unter Aussendung einer weichen Gammastrahlung zerfallen. Der Detektor ist so konstruiert, daß diese weiche Gammastrahlung bevorzugt empfangen wird, die harte wird durch einen Diskriminator unterdrückt. Die plötzlichen Einbrüche kosmischer Strahlung können ebenfalls eliminiert werden durch einen Sperrkreis, der bei Überschreitung eines bestimmten Gradienten schließt. Die Empfindlichkeit der Szintillometer wurde vergrößert durch die Verwendung von zwei mit Thallium aktivierten Natrium-Jodid-Kristallen.

Strahlungsanomalien finden sich über Ölfeldern und über Verwerfungen. Starke Wasserbewegung im Grund- oder Oberflächenwasser wäscht die Moleküle aus und erzeugt Nullanomalien (wichtig für Wassersuche in Wüstengebieten). Der früher beobachtete Halo-Effekt tritt erst nach längerer Förderzeit auf, wahrscheinlich, weil die Migration im Bereich der Bohrungen den schnellen Weg über die Sonden wählt, also auch ein „Auswaschungseffekt" vorliegt. Untersuchungen haben nachgewiesen, daß sich die Strahlungsanomalien mit der Förderung ändern. Nichthöffig sind Gebiete, deren Strahlungswerte sich nicht über den Störpegel erheben. Wegen der aber immer noch bestehenden Interpretationsschwierigkeiten ist es eine Hilfsmethode, die mit anderen zusammen angewendet werden sollte.

R. MEINHOLD

SCHIGATSCH, K. F.

Die Verwendung oberflächenaktiver Kolloide in der Erdölindustrie

„Gostoptechisdat", Moskau 1961, S. 69—74

Verf. schildert die Bedeutung der oberflächenaktiven Substanzen in der Bohrspülung und führt vier Gruppen an:

1. Potentialbestimmende oberflächenaktive Substanzen wie die Elektrolyte NaCl, KCl, $MgCl_2$, Soda und NaOH. Sie wirken durch die Bildung einer elektrischen Doppelschicht auf der Oberfläche der Tonpartikel.
2. Organische oberflächenaktive Elektrolyte, also ionogene oberflächenaktive Substanzen mit aktiven organischen Kationen bzw. Anionen.
3. Nichtelektrolyte.
4. Oberflächenaktive Kolloide und hydrophile hochmolekulare Verbindungen.

Durch den Einsatz oberflächenaktiver Substanzen wird die Oberflächenenergie der Spülung herabgesetzt und eine strukturelle Schutzhülle gebildet, so daß disperse Systeme verändert werden können. Diese Substanzen sind mehr und mehr im Einsatz:

Als oberflächenaktive Kolloide pflanzlicher Herkunft gelten die Sulfitablauge (SSA), Stärke und Stärkederivate, torf- und kohlenalkalische Lösungen, Algen u. a. m. Synthetische hochmolekulare Verbindungen sind die Zelluloseäther, die als Carboxylmethylcellulose in drei Viskositätsabstufungen in Bohrspülungen eingesetzt werden. Auch Lignine und Skytane, Produkte auf Phenolbasis, werden als oberflächenaktive Substanzen eingesetzt.

Die Herstellung und der Einsatz der CMC-Produkte werden besonders ausführlich behandelt.

Verschiedene Chemikalien wirken auch als Härteminderer. Die Wirkung der oberflächenaktiven Substanzen wird nicht nur im Labor untersucht, die Praxis ergab, daß mit der Verwendung der CMC-Produkte der Verschleiß des Bohrwerkzeuges um ein Vierfaches sinkt und die Meißelleistung steigt.

Die oberflächenaktiven Substanzen haben sich auch als Zuschlagstoffe für Zement bewährt. Sie erhöhen die Festigkeit und verringern die Durchlässigkeit von Zementbrücken. Als letzte Neuerung verweist der Verf. auf ölbasische Systeme, die mit großem Erfolg als Bohrspülungen in verschiedenen Bohrgebieten eingesetzt werden. Zur Strukturbildung werden oxydierte Paraffine verwendet. Zum besseren Einsatz wurde eine Rezeptur aus Bitumenpulver mit Zusätzen von ungelöschtem Kalk entwickelt.

B. HEYNE

JASCHKIN, F.

Die Reduzierung des Schaumes von Dickspülungen

„Neftjanoje chosjaistwo", H. 8, S. 33—34, 1957

Sulfitspritablauge und Sulfitsalze neigen zur Schaumbildung. Dickspülungen mit diesen Chemikalien reichern sich mit Luft an, sie „quellen auf". Der sich bildende Schaum erschwert die Arbeit der Bohrungen und führt zum Absinken des Pumpendruckes.

Durch die Emulsion von schwarzem Kontaktstoff und Solaröl kann die Schaumbildung gebremst werden. Das beste Mischungsverhältnis beträgt 1 : 2, wobei 0,3% des Gemisches der jeweiligen Spülungsmenge zugegeben wurden. Bei allen Versuchen ergab sich eine Verbesserung des Pumpendruckes und eine Senkung des Schwerstoffverbrauchs.

B. HEYNE

CHISHOLM F., R. W. RUHE & W. I. MURCHISON

Die neue CL-CLS-Spülung bewährt sich in Bohrungen mit hohen Temperaturen und hohen Drücken

„Oil and Gas Journal", Bd. 59 (1961), 47, 188—202

Die neue Chromlignit-Chromlignosulfonat-Spülung hat sich in mehr als 300 Bohrungen bewährt, sie ist thermostabil und widerstandsfähig gegen Verunreinigungen sowie geldsparend. Eine Viskositätserhöhung tritt nicht auf, keines der herkömmlichen Schutzkolloide wird benötigt. Der Chemikalienzusatz ist unkompliziert, die Spülung besteht aus Wasser, Bentonit, Baryt, kaustischer Soda, Chromlignit und Chrom-Lignosulfonat.

Der praktische Einsatz dieser Spülungen in den verschiedensten Bohrgebieten der USA wird beschrieben, auf die besonderen Arbeitsvorschriften wird hingewiesen. Zur Testung im Labor reichen die normalen Prüfverfahren nicht mehr aus.

Die Viskositätsgrenze liegt bei 260 °C. Gipsspülungen sind ab 200 °C nicht mehr pumpbar, so daß diese CL-CLS-Spülung den geeignetsten Typ für Tiefbohrungen zur Zeit darstellt.

B. HEYNE

WINN, R. H., T. O. ANDERSON, & L. G. CARTER

A preliminary study of factors influencing Cement Bond Logs

Journ. of Petr. Technol., Dallas, XIV (1962), 4, S. 369 bis 372, 7 Abb.

Zur genaueren Auswertung von Zementlogs wurden einige Experimente in Modell- und Testbohrlöchern durchgeführt. Es wurden verschiedene Rohre und Zementmischungen untersucht. Um ein Maß für die Zementbindung zu haben, wurden hydraulisch die Scherfestigkeit (Herausdrücken des Rohres aus dem Zementmantel) und die Haftzugfestigkeit (Widerstand gegen Abheben des Zementes vom Rohr) geprüft. Die Untersuchungen ergaben, daß schon bei verhältnismäßig geringen Scherfestigkeiten von 3 kp/cm² ein fast vollständiger Schallübergang (90%) möglich war; starker Anstieg der Festigkeit beeinflußte dann die Übergangswerte nicht mehr wesentlich. Bei Leichtzementen wurde die völlige akustische Kopplung etwas später erreicht. Gleiche Ergebnisse brachten auch die Untersuchungen der Haftzugfestigkeit. Voraussetzung für einen guten Übergang der Energie ist also, daß sich Rohr und Zement gut berühren. Schutzüberzüge gegen Korrosion auf den Rohren beeinflussen die akustische Kopplung nicht. Es erscheint somit nicht möglich, die Zementfestigkeit (etwa mit dem Ziel, die Wartezeiten abzukürzen) mit Zementlogs ausreichend zu bestimmen.

R. MEINHOLD

LIPOWEZKI, A. J., W. E. LEIRICH & W. S. DANJUSCHEWSKI

Eigenschaften von Zementmischungen bei Zusatz von Furfurylalkohol

„Neftjanoje chosjaistwo", 2 (1961), 15—19

Es wurden Untersuchungen beschrieben über die Wirkung beim Zusatz von Furfurylalkohol ($C_4H_3O \cdot CH_2OH$) auf die Permeabilität des Zementsteines. BRODSKI weist darauf hin, daß Furfurylalkohol in Kontakt mit salzsaurem Anilin nichtlösliche Harze bildet.

Die Untersuchungen wurden mit einem Zusatz von 10% wäßrigem Furfurylalkohol und 1,5% Anilinchlorhydrat durchgeführt. Zur Messung der Permeabilität gießt man die Zementschlämme in ein stählernes Meßglas und läßt unter Wasser abbinden. Die Prüfung erfolgte bei 18 °C und 45 °C nach $^1/_2$, 1, 2, 3 und 7 Tagen. Dabei sinkt die Permeabilität bei Zusatz von Furfurylalkohol bei 18 °C von 3,55 md ohne Zusatz auf 0,129 md nach 1 Tag und 0,102 md auf 0,002 md nach 2 Tagen. Bei 45 °C ist die Durchlässigkeit nach 1 Tag bei Proben mit Zusatz von Furfurylalkohol praktisch 0. Die Undurchlässigkeit gewährleistet eine große Korrosionsbeständigkeit gegen aggressive Wässer.

Zur Bestimmung des Einflusses der Perforation auf diese Zemente wurden 15 mm dicke Zementplatten gegossen, die mit einer 8 mm dicken Stahlplatte durchschossen wurden. Bei normalen Zementmischungen zersprangen 92% aller Platten, bei Zusatz von Furfurylalkohol nur 21%. Außerdem verbessert ein Zusatz von Furfurylalkohol die Fließfähigkeit der Zementschlämme.

Die Abbindezeiten werden durch Furfurylalkohol verzögert, von 7,23 Std. bei 22 °C ohne Zusatz auf 12,11 Std. mit Furfurylalkohol (bei 75 °C von 2,50 Std. auf 5,50 Std.). Durch Zusatz bis 1% von $CaCl_2$ kann jedoch wieder die normale Abbindezeit erhalten werden.

Die Festigkeit steigt bei Temperaturen zwischen 22 °C und 75 °C bei Zementen mit Zusatz von Furfurylalkohol gegenüber Zementen ohne Zusatz an, was aus der bei hoher Temperatur beschleunigten Harzbildung erklärt wird. Außerdem wurde festgestellt, daß Zemente mit Furfurylalkohol eine Volumenzunahme verzeichnen. Durch mikroskopische Untersuchung der Zementsteine wurde festgestellt, daß Zemente mit Furfurylalkohol eine dichte Struktur besitzen, eine starke Gelbildung zeigen und daß Kalziumhydroxyd $Ca(OH)_2$ fast völlig fehlte. K. Schulze

Maksimowa, N. I.

Die Verwendung von Zementschlämmen mit Wasserglaszusatz zum Abdichten klüftiger Gesteine

„Neftjanoje Chosjaistwo", 2 (1961), S. 20—22

Zum Abdichten klüftiger und kavernöser Gesteine werden häufig Zementschlämmen mit Wasserglaszusatz verwendet, wodurch die Abbindezeit verkürzt wird. Erschwerend wirkt die hohe Konsistenz der Schlämmen beim Verpumpen in tiefere Horizonte. Durch chemische Reagenzien soll die Konsistenz vermindert werden, ohne daß die Abbindezeit verändert wird. Untersucht wird der Einfluß von NaOH.

An die Schlämme stellt man folgende Forderungen:

1. flüssige Konsistenz von 15—16 cm Ausbreitmaß (nach AsNII) über mindestens 15—20 min;
2. beschleunigtes Abbinden, wobei ein Minimum anzustreben ist.

Die Untersuchung erfolgte an Zement 500 für kalte Bohrungen des Sdolbunowsker Werkes, dem Wasserglas und verschiedene Mengen NaOH zugesetzt wurden.

Mit steigendem Gehalt an NaOH verlängern sich die Abbindezeiten. Eine Menge von 8% NaOH ergibt die gewünschte Konsistenz der Schlämme, jedoch nur, wenn es zusammen mit dem Wasserglas zugesetzt wird. Bei getrenntem Zusatz versteift die Schlämme augenblicklich. Man nimmt an, daß die Konsistenzverminderung auf die Reaktion der OH'-Ionen mit dem kolloidalen SiO_2 des Wasserglases und dem $Ca(OH)_2$ des Zementes zurückzuführen ist. Durch die Abnahme der Konzentration des SiO_2 im Wasserglas erniedrigt sich die Konsistenz der Schlämme. Bei Wasserglas mit niedrigem SiO_2-Gehalt (Silikatmodul 1,8) erübrigt sich der Zusatz von NaOH. K. Schulze

Bulatow, A. & E. Matschinski

Die Einwirkung aggressiver Wässer auf den Portland- und Schlackensandzement

„Neftjanoje Chosjaistwo", H. 6, Seite 29—32, 1961

Über die Korrosion der Zemente durch aggressive Wässer bei den normalen Druck- und Temperaturverhältnissen wurden schon umfangreiche Untersuchungen durchgeführt. Mit Zunahme der Bohrlochteufen und Erhöhung der Temperaturen über 100 °C und der Drücke bis zu 500 atü fehlen für diese Bereiche genaue Untersuchungsergebnisse. Verwendet wurde ein Portlandzement für „heiße Sonden" aus dem Werk Karadorsk und der Schlackensandzement von Grosny. Die Prüfungen erfolgten an kleinen Prismen, die im Autoklaven gelagert werden konnten. Die Proben lagerten jeweils 7 Tage in dest. Wasser sowie 5%igen Natriumsulfat- und Magnesiumsulfatlösungen. Danach wurde an den Probekörpern die Druckfestigkeit und Permeabilität gemessen.

Für die Druckfestigkeit wurde ein Beständigkeitskoeffizient aufgestellt. Dieser drückt das Verhältnis der Festigkeit von Probekörpern, die in dest. Wasser lagerten, zu denen, die in aggressive Medien erhärten, aus. Danach nimmt die Beständigkeit des Portlandzements in Na-Sulfat- und Mg-Sulfatlösungen mit steigenden Temperatur- und Druckbedingungen ständig ab. Der Einfluß von Mg-Sulfat ist am größten.

Die Permeabilitäten bei Portlandzement steigen mit Erhöhung der Temperaturen von 1,25 md bei 22 °C bis 45 bis 75 md bei über 100 °C.

Bei den Schlackensandzementen, die bei 150 °C und 400 at bzw. 200 °C und 500 at erhärten, erfolgte kein Festigkeitsrückgang bei Lagerung in Na-Sulfatlösung. Proben mit ungemahlenem Sand zeigten sogar eine Erhöhung derselben. Dagegen zeigte sich bei Einwirkung von Mg-Sulfatlösung eine starke Zerstörung der Probekörper. Einzelne Schichten von 1—3 mm Dicke splitterten täglich ab.

Die Biegezug- und Druckfestigkeit wurde dagegen nicht herabgesetzt, da die Korrosion nur oberflächlich erfolgte. K. Schulze

Kapustin, I. J.

Mischungen mit hohen zementierenden Eigenschaften

„Neftjanoje Chosjaistwo", 4 (1961), S. 29—32

Die zur Zeit angewandten Methoden zur Bekämpfung von Spülungsverlusten beruhen auf der Verwendung von Zementschlämmen mit oder ohne Zusatz. Zur erfolgreichen Behandlung muß man an das Zementationsmaterial bestimmte Anforderungen stellen. Am wichtigsten ist die Plastizität und die Geschwindigkeit, in der sie ansteigt. Im Augenblick des Eintretens in die Zirkulationsverlustzone müssen diese Eigenschaften ein Maximum erreicht haben. Durch Bestimmung der Fließgrenze (nach AsNII) und der Abbindezeit nach Vicat kann man diese Eigenschaften nicht genügend charakterisieren.

Für die Messung des Anwachsens der Plastizität wird die Methode des konischen Plastometers verwendet. Dabei wird die Veränderung der Kinetik beim Eintauchen eines Stahlkonus in die Mischung bei konstanter Belastung gemessen. Der Wert der plastischen Festigkeit (P_m) soll nahe dem Wert der statischen Schubspannung der Mischung liegen.

Reine Zementschlämmen vergrößern P_m langsam und dringen tief in die Schichten ein, ohne den nötigen Effekt zu erzielen. Zur Erhöhung von P_m werden Beschleuniger eingesetzt. 6% Wasserglas erhöht P_m um das Sechsfache, ist jedoch nur für geringe Teufen geeignet, da eine schnelle Versteifung eintritt. Bei Zugabe von 20—40% Bentonit erfolgt eine Erhöhung von P_m um etwa das Zweifache, und die Abbindezeit wird verkürzt. Dabei erhält die Schlämme die Konsistenz, die zur Zementierung grobklüftiger Gesteine erforderlich ist. Am wirksamsten sind sogenannte „Salz-Bentonit-Gemische". Dabei wird der Ton in Dieselöl angerührt und bildet dann beim Zusammentreffen mit Wasser oder Spülung eine zähplastische Masse.

Aus den Untersuchungen ergibt sich, daß reine Zementschlämmen ohne Beschleuniger bei teilweisem Spülungsverlust (10—20 m^3/h), Ton-Zement-Mischungen bei 20 bis 80 m^3/h Spülungsverlust und Salz-Bentonit-Gemische bei totalem Verlust eingesetzt werden können.

K. Schulze

Patchen, F. D.

Reaction and Properties of Silica-Portland Cement Mixtures Cured at Elevated Temperatures

„Petroleum Transaction", Aime 1960, S. 281—287

An normalen Portlandzementen wurden Festigkeitsrückgänge und eine starke Erhöhung der Permeabilität festgestellt, wenn sie im Bohrloch bei Temperaturen über 120 °C erhärteten. Dabei traten Festigkeitsverluste von 50% zwischen dem 1. und 14. Tag nach dem Abbinden auf.

Menzel stellte fest, daß Zement, der Sand enthält und bei 170 °C abbindet, hohe Druckfestigkeiten besitzt. Diese Feststellung wurde auf Bohrzement übertragen. An Proben, die verschiedene Mengen feingemahlenen Sand enthalten, wurden Druckfestigkeits- und Permeabilitätsuntersuchungen durchgeführt. Dabei konnten bei Temperaturen über 150 °C an Zementen, die einen Zusatz von über 35% Sand enthalten, durchweg hohe Festigkeiten und niedrige Permeabilitäten (0,01 md gegenüber 1—8 md an Zementen ohne Sand) beobachtet werden. Die Versteifungszeiten wurden durch die Sandzugaben verlängert.

Mittels Röntgenanalyse untersuchte man die in diesen Systemen ablaufenden Reaktionen. Die Hydratationsprodukte des Zementes bei normaler Temperatur bilden ein Monocalciumsilikat mit variablem Wasseranteil, ein Calciumsulfoaluminat und Kalk. Über 120 °C bildet sich dagegen auch Dicalciumsilikat-α-Hydrat. Eine Probe, die 10% Sand enthielt und die niedrigsten Festigkeiten und höchsten Permeabilitäten zeigte, wies die größten Intensitäten an Dicalciumsilikat auf. Dagegen war in Proben, die zwischen 22,5 und 100% Sand enthielten, kein Dicalciumsilikat-α-Hydrat nachweisbar. Diese Proben zeigten Röntgeninterferenzen, die Tobermorit und Xonolith zuzuordnen sind. Nach den stöchiometrischen Verhältnissen sind ungefähr 35—40% Sandzusatz notwendig, um die Bildung von Dicalciumsilikat-α-Hydrat zu verhindern.

Zementmischungen dieser Zusammensetzung zeigen auch bei Temperaturen über 150 °C hervorragende Druckfestigkeiten und niedrige Permeabilitäten. K. Schulze

PETERSON, G.

Die Haftung von Tiefbohrzementen bei Ringraumzementationen

„Erdöl-Zeitschrift", Jg. 78 (1962), S. 339–368

Die Haftung des Zements an den Rohren und am Gebirge ist verantwortlich für ein Gelingen der Zementation und hat großen Einfluß auf die spätere Nutzung der Lagerstätte. Viele verwässerte Sonden geben Anlaß, umfangreiche Versuche über die Haftung der Zemente anzustellen. Man unterscheidet bei der Haftung im Bohrloch Haftzug- und Haftscherfestigkeiten. Untersucht wird die Haftung von Tiefbohr- und Portlandzementen an Metallen und Gesteinsproben. Das Feststellen der Haftfestigkeit geschieht durch Herausziehen oder -drücken des Haftelements an ummantelten Prüfkörpern.

Vorversuche klärten die Abhängigkeit des Gleitwiderstands von der Oberfläche des Verschiebungswegs, von den einzelnen Prüfverfahren und den Abmessungen der Prüfkörper. Verantwortlich für eine gute Haftung ist die Benetzung der einzelnen Flächen durch die Zementschlämme. Einen großen Einfluß darauf hat die Oberflächenrauhigkeit. Bei Rauhtiefen über 160 μ kommt es nicht mehr zum Bruch zwischen Haftelement und Zement, sondern der Zement bricht. Die Haftung ist stark abhängig vom Hydratationsgrad des Zements und seiner Festigkeit. Einen wesentlichen Einfluß üben die im Bohrloch vorhandene Spülung und der Filterkuchen auf die Haftung aus. Beim Vermischen des Zements mit der Spülung wird die Haftfestigkeit negativ beeinflußt. Der an den Rohren vorhandene Spülungsfilm bzw. der Filterkuchen an der Bohrlochwand macht eine Haftung des Zements unmöglich. Dagegen zeigen mechanisch oder durch oberflächenaktive Substanzen gereinigte Rohre und Gesteine sehr gute Haftfestigkeiten. Bei erhöhten Temperaturen nimmt die Haftfestigkeit anfänglich zu, um bei über 130 °C und der mit dieser Temperatur verbundenen Bildung von Dicalciumsilikat-α-Hydrat wieder abzunehmen.

Zusätze von Bentonit verringern die Haftung, dagegen zeigen Zusätze von Quarzmehl und Puzzolan sehr gute Werte. Durch die neuen Akustiklogverfahren ist es möglich, die Haftung des Zements auch im Bohrloch zu bestimmen. Zur Verbesserung der Haftung des Zements im Bohrloch empfiehlt es sich, dasselbe vor der Zementation zu reinigen, die Spülung optimal zu verdrängen und die Rohre während des Einpumpens zu bewegen.

Umfangreiche Abbildungen und Tabellen ergänzen die Ausführungen. K. SCHULZE

RAFAEL MOLINA BARBEYER

Die Untergrundsetzung der Stadt Mexiko und ihre Beziehung zu Untersuchungen der Bodenmechanik, Geochemie, Geophysik und Hydrogeologie im Untergrund des Tales von Mexiko

„Boletin soc. geol., mexicana", Tomo XX, Núm. 2, 1957

Die Wasserversorgung der mexikanischen Hauptstadt stieß schon immer auf große Schwierigkeiten. Als die Wasserknappheit 1935 einen Höhepunkt erreichte, wurden 2000 Bohrungen mit einer Gesamtförderung von 8 m^3/s niedergebracht. Im Augenblick werden 10 m^3/sec gefördert.

Während der Regenfälle der Jahre 1945–1947 standen verschiedene Gebiete der Hauptstadt unter Wasser. Die Überschwemmung hatte den Einsturz von Wohnhäusern und den Verlust an Gut und Menschenleben zur Folge. Die Untersuchung der Unglücksursachen durch verschiedene Institutionen erbrachte den Beweis für das schon früher durch R. GAYOL bei Schleusenbauten entdeckte Phänomen der Untergrundssenkung, deren Zusammenhang mit der übermäßigen Wasserentnahme aus den unterirdischen Grundwasserleitern und dem hierdurch bedingten Innendruckverlust der Schichten. Die augenblicklichen Bemühungen gehen dahin, alles nur Mögliche zur Verhinderung der weiteren Untergrundsetzung zu unternehmen.

Mittels der Topographie von R. GAYOL aus dem Jahre 1901 wurde 1952 eine neue topographische Aufnahme durchgeführt, die mit der alten über den Festpunkt des Atzaccalco-Berges in Korrelation gesetzt wurde. Dabei konnte eine starke Untergrundsetzung beobachtet werden, die jedoch sehr ungleichmäßig ist. Die Werte schwanken punktweise zwischen 3 bis 30 cm/Jahr und mehr. Die geologischen Profile zeigen die Abhängigkeit der Setzung vom Aufbau des Untergrundes und seinen jeweiligen physikalischen Bodenkonstanten.

Die Stadt Mexiko befindet sich zum größeren Teil auf dem Boden der früheren Lagune Tenochtitlan, die als Teil des Texcoco-Sees anzusehen ist. Der Untergrund, eine tonige, stark kompressible Serie, besteht aus einer Aschentuffwechsellagerung, die zum Zentrum der früheren Lagune hin stark an Mächtigkeit gewinnt und meist 30, mitunter sogar über 150 m erreicht. Der festere tiefere Unterbau besteht aus Andesit und lagert in Tiefen von etwa 1000 m.

Um die Ursache der Setzung zu erkennen, wurden über 60 topographische Punkte in verschiedenen Teilen des Tals errichtet. Die 1952 hergestellte topographische Karte und die Hydroisohypsenkarte wurden einander gegenübergestellt. Dabei zeigte es sich, daß der Grundwasserspiegel dem Oberflächenrelief stets genau folgt. Ausnahmen bilden die Region Sur Poniente mit Grundwasserspiegeln von 60 bis 365 m (!) unter Gelände. Hier wurden bezüglich der Höhenlinien 20, 33, 55, 95 (bezogen auf einen 0-Festpunkt) die Grundwasserdruckkurven ermittelt. Die Druckverluste liegen besonders im Westteil der Stadt in den tiefen Trögen bei 30 t/m^2. Im Osten der Stadt ist kein Druckverlust zu beobachten; stellenweise sind die Wässer sogar artesisch.

Die Theorie der Untergrundsetzung wurde von N. C. FLORES ausgearbeitet. Er kombinierte die Gesetze der Bodenmechanik mit denen der Hydrodynamik.

Die ersten bodenmechanischen Untersuchungen begannen unter J. A. CUEVAS 1940 bis 1945. Von N. C. FLORES wurden 1943 die Abteilungen für Bodenmechanik, Gravimetrie und Geochemie gegründet. Die Ziele der geochemischen Untersuchungen betrafen unter Berücksichtigung der geologischen Situation die Herausstellung hydrogeologisch selbständiger Teilbecken im Tal von Mexiko. Sie führten zum Erfolg.

Die rapide ansteigende Einwohnerzahl der Stadt (1960 etwa 4–5 Millionen und im Jahre 2000 etwa 10 Millionen) stellt die Hydrogeologie vor schwierige Aufgaben.

W. BACH

WAWOW, I.

Ergebnisse des Turbinebohrens in Bulgarien

„Minno Delo", 15 (1960), Nr. 6, S. 3–10

In der VR Bulgarien liegen Erfahrungen mit Turbinebohren bei der Erdölerkundung seit den Jahren 1958/59 vor. Verf. gibt einen Überblick über die Ergebnisse, die sehr zufriedenstellend sind. So stieg die mechanische Bohrgeschwindigkeit auf das 3–4fache an. Die notwendig gewordene Neukonstruktion der Sonden ergab bei der Verrohrung Einsparungen von 50 kg pro lfd. Meter.

Auch traten die Havarien zurück, insbesondere beim Durchörtern von kavernösen Kalken, in denen oft totaler Spülverlust eintrat. Dies führte zu technischen Schwierigkeiten, die sich zum Teil über lange Zeiträume erstreckten. Durch den Turbineeinsatz verminderte sich die Zeit beim Durchbohren dieser Formation zwischen 800 und 1000 m von vier bis sechs Monaten auf 20 bis 25 Tage.

K. KAUTER

KASTROP, J. E.

Ein Bohrprojekt auf 8000 m

(JOHN W. MECOM prepares for a 26000 ft Well)

„The Petroleum Engineer", Vol. 33, Nr. 3, März 1961, S. B-29

Bei Port Sulphur am Westufer des Mississippi, in dessen Mündungsbereich, sind Tiefbohrungen von 20000 Fuß (= ca. 6100 m) wiederholt niedergebracht worden. Neuerdings wurde eine von ihnen auf 26000 Fuß (= ca. 8000 m) projektiert.

Die Bohranlage und die Ausrüstung sind auf zwei Kähnen untergebracht. Einer von ihnen trägt die Aggregate und Generatoren, der andere den Bohrturm und die Spülungseinrichtungen. Es wird mit Dampf gearbeitet.

Das Bohr- und Verrohrungsschema ist nicht starr und läßt mehrere Kombinationen offen. Der Einbau einer $6^5/_8''$- oder $4^1/_2''$-Produktionstour bis Endteufe ist möglich.

Das Spülungsprogramm gleicht dem der Nachbarbohrungen. Eine einfache Ton-Wasserspülung führt bis 9000 Fuß (= ca. 2750 m). Von da an wird eine Gipsspülung (2,2 kg/dm³, Filtration 3—4 ml) bis Endteufe verwandt, die bei hoher Temperatur durch eine natriumsurfactante Spülung ersetzt wird. Sie hat sich bereits bei Temperaturen bis 235 °C bewährt.

Die Gesamtkosten der Bohrung werden mit voraussichtlich 2 Mill. Dollar in Anschlag gebracht. K. KAUTER

HEDBERG, H. D.

How to standardize stratigraphic language

„World Oil", Houston, Jg. 154 (1962), 5, April, S. 100—103

In den USA sind durch verschiedene Kommissionen große Anstrengungen gemacht worden, die stratigraphische Terminologie zu standardisieren. Die Grundlagen dieser Ordnung werden erläutert, die sich auf zwei Begriffen aufbauen, der Lithostratigraphie (group, formation, member, bed) und der Chronostratigraphie, die sich auf den Zeiteinteilungen Ära, Periode, Epoche, Alter und Zeit aufbaut und den entsprechend darin entstandenen Ablagerungen, eingeteilt in Erathem, System, Serie, Stufe, Unterstufe. Untergeordnete biostratigraphische Einheiten werden als Zonen ausgegliedert. Zonen sind auch alle Einheiten, die auf anderen Charakterisierungen beruhen (geochemische, seismische, elektrische, mineralogische usw.). R. MEINHOLD

Neuerscheinungen und Literaturhinweise

ALBOW, M. N.
Die Bemusterung von Erzlagerstätten
Gosgortechisdat, Moskau 1961. — 255 S.

BUBLEJNIKOW, F. D. & A. G. IWANOW
Geophysikalische Methoden zur Erkundung nutzbarer Bodenschätze
Gostoptechisdat, Moskau 1961. — 175 S.

DOLUCHANOWA, N. I.
Erfahrungen mit der Anwendung der hydrochemischen Aufnahme in Kupfer-Molybdän-Lagerstätten der Armenischen SSSR
Verlag AN Arjan. SSR, Erewan 1958. — 88 S.

GLUSKOW, W. G.
Fragen der Theorie und Methoden der hydrogeologischen Untersuchungen
Verlag AN SSSR, Moskau 1961. — 415 S.

NESTERENKO, G. W.
Zur Frage der Genese von Titan- und Zirkonseifen
Geologija i Geofisika, 1961. — Nr. 5

SCHACHOW, F. N.
Erztexturen
Verlag AN SSSR, Moskau 1961. — 178 S.

Nachrichten und Informationen

Der Bergbau in Finnland

Die seit dem Ende des zweiten Weltkrieges in Finnland wesentlich intensivierte Schürftätigkeit hat zur Entdeckung bedeutender Erzvorkommen geführt und in ihrem Gefolge durch die Erweiterung bestehender und die Anlage neuer Grubenbetriebe eine außerordentliche Belebung des Bergbaues bewirkt. Die finnische Erzförderung ist von rd. 1 Mill. t im Jahr 1950 auf rd. 3 Mill. t im Jahre 1960 gestiegen; sie dürfte bis 1965 wahrscheinlich rd. 5 Mill. t erreichen.

Die Grube Outocumpu in Ostfinnland ist seit 1928 in Betrieb und noch heute der größte Kupfererzlieferant. Die noch vorhandenen rd. 12 Mill. t Erzvorrat reichen bei der jetzigen Förderung — 700000 t im Jahre 1960 — noch für 17 Jahre. Im nordwestlichen Österbotten nahm die Zinkerzgrube Vihanti ihre Förderung 1954 auf. Das in skarnähnlichen Sediment- und Sulfidschiefern unregelmäßig verteilte Erz enthält durchschnittlich 10,2% Zn, 0,88% Cu und 0,52% Pb. Bei einer Förderung von 440000 t im Jahre 1960 dürften die Vorräte dieses bedeutenden Lieferanten von Zinkkonzentraten für den finnischen Export und zweitgrößten Kupferproduzenten des Landes noch mehrere Jahrzehnte reichen.

Bei der Grube Kotalahti in Ostfinnland handelt es sich um ein Nickelerzvorkommen in einer Serpentinit führenden Schieferformation. Die Aufnahme der Förderung erfolgte im Jahre 1959; 1960 wurden bereits 320000 t Erz gefördert. Die Kupfererzgrube Ylöjärvi in Südfinnland ist seit 1943 in Betrieb. 1958 erfolgte eine Vergrößerung des Betriebes auf 300000 t Jahresförderung. Die an der Küste südlich Vasa gelegene Bleierzgrube Korsnäs ist vor kurzem in Betrieb genommen worden. In der Lagerstätte tritt Bleiglanz unregelmäßig verteilt in einer brekziösen Kalksteinformation auf. Die Eisenerzgrube Otanmäki in Mittelfinnland ist seit 7 Jahren in Betrieb und förderte in den letzten Jahren etwa 800000 t Magnetit und Ilmenit.

In den Schären südlich von Ekenäs nahm die Eisenerzgrube Jussarö kürzlich ihre Förderung auf. Es ist eine Jahresförderung von 300000 t Erz geplant. Das Erz ist relativ Fe-arm, doch lassen die großen Erzreserven eine künftige Fördersteigerung zu. Die seit Sommer 1959 in Mittelfinnland im Bau befindliche Anlage Pyhäsalmi nahm im Frühjahr 1962 die Schwefelkiesförderung auf. Das Erz enthält durchschnittlich 38% S, 3% Zn und 0,8% Cu. Anfänglich soll die Gewinnung hauptsächlich im Tagebau erfolgen. Es ist eine Jahresförderung von 600000 t/Jahr geplant. —D—

Die spanische Grundstoffindustrie

Der spanische Bergbau hat sich seit 1940 rasch entwickelt, die früher erzielte Förderhöhe jedoch noch nicht wieder erreicht. Zur Zeit beläuft sich die Eisenerzförderung auf rd. 5,6 Mill. t jährlich.

Pyrit wird hauptsächlich in der Provinz Huelva abgebaut. Die Vorräte werden auf rd. 300 Mill. t geschätzt, das sind 40% der Weltvorräte. Die jährliche Förderung übersteigt 2 Mill. t. Durch die bekannten Vorkommen von Almadén in der Provinz Ciudad Real ist Spanien der größte Quecksilberproduzent. Es erzeugt rd. 25% des Weltverbrauchs.

Obwohl Bleierz in rd. 20 Provinzen des Landes auftritt, hat der früher sehr wichtige Bleierzbergbau erheblich an Bedeutung verloren. Die Jahresförderung liegt nur wenig über 100000 t; 1888 betrug sie dagegen 540000 t. Gleiches gilt für Zink. Die Metallvorräte der Lagerstätten werden auf 1 Mill. t geschätzt. Die Jahresförderung beträgt rd. 150000 t Erz.

Auch die Kupfergewinnung, in der Spanien einmal führend in der Welt war, hat stark abgenommen. Sie beschränkt sich heute lediglich auf die Gewinnung von kupferhaltigem Pyrit und von Kupferschiefern in der Provinz Huelva.

Der Wolframerzbergbau hat sich während des zweiten Weltkrieges stark entwickelt. Die Lagerstättenvorräte werden auf rd. 600000 t WO_3 geschätzt. Im Nordwesten und Westen des Landes wird gelegentlich etwas Uranerz abgebaut.

Über die spanischen Kohlenvorräte liegen folgende Schätzungen vor:

	Vorräte in Milliarden t	
	sicher	wahrscheinlich
Steinkohlen	6,2	2,6
Braunkohlen	1,5	nähere Angaben fehlen

Die wichtigsten Steinkohlenvorkommen liegen am Nord- und Südhang des Cantabrischen Gebirges, wo das produktive Karbon mit über 30 Flözen (Gasflammkohle bis Anthrazit) auftritt. Die Lagerungsverhältnisse sind durch die starke Faltung ungünstig; der Aschegehalt der Kohle ist verhältnismäßig hoch. Die Fettkohle besitzt gute Verkokungseigenschaften.

Das erwähnte Kohlenrevier liefert $^5/_6$ der spanischen Steinkohlenförderung. Der Rest entfällt auf die Provinzen Ciudad Real und Cordoba. Die hier auftretenden Flöze besitzen eine sehr große Mächtigkeit und liefern eine gut kokende Fettkohle.

Im Ebro-Becken und in der Provinz Teruel werden tertiäre Braunkohlen mit Glanz- und Pechkohlencharakter in kleinerem Umfange abgebaut. Der spanische Kohlenbergbau deckt den Inlandsbedarf nicht vollständig. Etwa 1 Mill. t Kokskohlen müssen daher jährlich eingeführt werden. Die spanische Kohlenförderung betrug 1960 rd. 15 Mill. t, davon 2 Mill. t Braunkohle; die Hüttenkokserzeugung etwa 2,4 Mill. t.

Die spanische Hüttenindustrie ist hinter der Entwicklung der übrigen Grundstoffindustrie zurückgeblieben. Der Bedarf an elektrischer Energie entspricht heute einem Äquivalent von rd. 32 Mill. t Steinkohle. Gegenüber der Erzeugung von 18,6 Mrd. kWh im Jahre wird für 1975 mit einer Erzeugung von etwa 37 Mrd. kWh gerechnet. Diese elektrische Energie wird voraussichtlich zu etwa 25% aus Wasserkraft, zu 41% aus Kohle, 30% aus Erdöl bzw. Erdgas und 4% aus Kernenergie erzeugt werden. Der gegenwärtige spezifische Stromverbrauch beträgt in Spanien nur 600 kWh je Einwohner im Jahr. Er liegt in Italien um 50% und in Frankreich um 100% höher. DRESSEL

Der Bergbau Chiles

Die Bergbauprodukte nehmen etwa 80% des chilenischen Exportes ein. Außer den wichtigen Erzeugnissen Kupfer, Salpeter, Eisenerz und Kohle verfügt das Land über Gold- und Manganerz-, Schwefel- und Molybdänvorkommen sowie über Erdöl. Als weitaus bedeutendste Bergbauproduktion in Chile gilt das Kupfer. Sie betrug 1959 0,546 Mill. t und 1960 0,532 Mill. t. Hiervon wurden 1959 0,504 Mill. t und 1960 0,512 Mill. t exportiert.

Die chilenischen Kupfervorkommen, die lange Zeit als die bedeutendsten der Welt galten, gehören auch heute noch neben den Vorkommen Katangas und Nordrhodesiens zu den größten. 1959 wurde Chile durch Nordrhodesien von der Stelle des zweitgrößten Kupferproduzenten verdrängt.

Die größten chilenischen Kupferminen liegen im äußersten Norden des Landes bei Chuquicamata und in Zentralchile südlich Santiago bei El Teniente.

Die den ausländischen Gesellschaften gehörenden Kupferminen fördern insgesamt etwa 90% der Kupfererze des Landes. Von der Gesamtförderung des Jahres 1960 von rd. 532000 t entfallen auf ausländische Gesellschaften 146000 t elektrolytisches Kupfer, 79000 t raffiniertes Kupfer und rd. 250000 t Blisterkupfer. Außerdem werden in der staatlichen Kupferschmelze von Taipote weitere 22000 t Blisterkupfer verarbeitet und 28000 t als Konzentrate sowie 7000 t als Mineralien exportiert.

Die chilenischen Salpeterminen befinden sich im äußersten Norden des Landes. Die beiden größten liegen im Gebiet von Antofagasta und liefern zusammen 65% der Salpeterproduktion. Im Gegensatz zur Kupferwirtschaft ist die chilenische Salpeterwirtschaft nicht mehr ausweitungsfähig. Von ihrem Maximum von 3 Mill. t 1916/17 fiel sie auf 0,15 Mill. t 1931 und erholte sich später durch Verbesserung der Produktionsmethoden und Verbilligung der Gestehungskosten bis auf 1,5 Mill. t. Die Produktion betrug 1959 1,26 Mill. t und 1960 0,92 Mill. t. Der Salpeterexport beträgt heute noch 6—8% des Gesamtexportes des Landes.

In absehbarer Zeit dürften der Eisenerzbergbau und der Eisenexport die Funktion des chilenischen Salpeters einnehmen. Vor der Entdeckung der unlängst bekannt gewordenen Eisenerzlager wurden die chilenischen Eisenerzvorkommen auf 120 Mill. t sicherer und 800 Mill. t wahrscheinlicher Vorräte geschätzt. Die meisten der bekannten Vorkommen befinden sich im südlichen Nordteil des Landes. Das Erz von Vallenar soll mit 63% Fe den höchsten Eisengehalt aller chilenischen Eisenerze besitzen. Das Vorkommen liegt in 300—400 m Höhe und 40—50 km von der Küste entfernt. Es ist leicht abzubauen. DRESSEL

Mauretanien ein künftiges Bergbauland

Mauretanien gehört zu den Ländern, die durch die Erschließung von Bodenschätzen einer völligen Umwandlung entgegengehen. Gegenwärtig ist es unter den afrikanischen Staaten noch derjenige mit den kleinsten Einnahmen und der kleinsten Bevölkerung. 1963 soll jedoch mit dem Abbau der Eisenerzlager von Fort Gourand im großen Maßstab begonnen werden, die auf 150 Mill. t hochwertiger Erze geschätzt werden. Von der erforderlichen Transportbahn sind schon 330 km verlegt, und schon 700000 t Erz liegen transportbereit. Die Ausbeute wird von einer internationalen Gesellschaft (Soc. des Mines de Fer de Mauretanie-Miferma) betrieben, an der außer französischem auch englisches und westdeutsches Kapital beteiligt sind. Die Ausbeutung der ebenfalls reichen Kupfererzlager des Landes befindet sich noch im Stadium der Projektierung. Sie werden auf 18 Mill. t schwefelhaltige Erze mit 1,5% Kupfer und 1 g Gold je Tonne und 7 Mill. t oxydische Erze mit 2,9% Kupfer und 3 g Gold je Tonne geschätzt. Die Regierung wird an der ausbeutenden Gesellschaft (Micuma) mit 19,5% beteiligt sein. 12800 t 70%igen Kupferkonzentrats mit 50 g Gold/t sind als Jahresproduktion vorgesehen. Der Abbau soll Anfang 1964 beginnen. Auch ein Titanvorkommen mit 250000 t 52%igem Ilmenit und große Gipsvorräte sind (nördlich von Nouakschott) vorhanden. —Ha—

Neue Lagerstätten in Ägypten und in Jordanien

In der Oase Bahra in der östlichen ägyptischen Wüste wurden Eisenerzlager mit einem Fe-Gehalt von 40—50% entdeckt. Die vermuteten Vorräte betragen 200 Mill. t. Die Ausbeutung dieser Lagerstätte ist im Fünfjahrplan bereits vorgesehen. Andere Eisenerzlager in Kosseir in der Nähe des Roten Meeres gestatten eine 30jährige intensive Ausbeutung.

Große Kohlenlagerstätten sind auf der Halbinsel Sinai aufgefunden worden. Im Sinai werden ferner jährlich 50000 t Bleierz gewonnen. Ein aufgefundenes Manganerzlager wird eine jährliche Förderung von 290000 t Manganerz ermöglichen.

Im Wadi Araba in Jordanien, das wegen seiner Bergwerke für Phosphate und Pottasche bekannt ist, konnten wichtige Eisen- und Bleierzlager aufgefunden werden. Weiterhin wurden in der Region des Wadi Dana (Nordjordanien) Phosphate, Mangan- und Eisenerze erkundet. Die bisherigen Erfolge in der Suche nach Mineralien sind der Anlaß, die Forschungsarbeiten weiter auszudehnen. D.

Erdöl/Erdgas

Steigende Erdölproduktion in der UdSSR

Mit Abschluß des ersten Halbjahres 1962 hat die UdSSR nach amtlichen Verlautbarungen aus Moskau insgesamt 89,3 Mill. t Erdöl gefördert, das sind 9,6 Mill. t mehr als im gleichen Zeitraum des Vorjahrs. Bei gleichbleibender Produktion dürfte die Jahresförderung 1962 bei 178,6 Mill. t liegen. Damit überstiege sie die des Vorjahrs um 12,6 Mill. t. —K—

Erdölsuche in der Nordsee

In der Nordsee nahe der englischen Küste wurde nunmehr mit den einleitenden Arbeiten der Erdölsuche begonnen. Die Untersuchungen werden sich auf 30000 Quadratmeilen eines küstennahen Streifens von drei Meilen Breite erstrecken, der von Lowestoft bis zum Firth of Forth reicht. Von den drei Unternehmergesellschaften wird Shell für die seismischen Erkundungen verantwortlich sein, die von der britischen Spezialfirma „The Seismographs Service" durchgeführt werden. Die Operationsbasis ist Grimsby, und die Arbeit ist für je 3—4 Sommermonate 1962 und 1963 vorgesehen. Die Erdölsuche in der Nordsee tritt damit in eine neue Phase. Auch die Nederlandse Aerdolie Mij. (NAM), deren erstes Unternehmen nahe der niederländischen Nordküste erfolglos verlief, soll eine neue Campagne planen, diesmal im küstennahen Bereich vor Den Haag. Hier will man insbesondere feststellen, ob ein Erdgasvorkommen vorhanden ist, das dem im Inneren des Landes entdeckten vergleichbar ist. Ha.

Schweizerische Erdölforschung

Seit Sommer 1960 wurden von der schweizerischen Beteiligungsgesellschaft der Swisspetrol Holding AG umfangreiche seismische Untersuchungen durchgeführt; ergänzende Arbeiten sind noch im Gange. Es wurden rd. 700 km² des mittelländischen Molassebeckens seismisch erforscht. Da die neuen Erdöl- und Erdgasfunde in mesozoischen Schichten des benachbarten süddeutschen Bodenseegebietes zum größten Teil auch in der Schweiz in ähnlicher Ausbildung vorhanden sind, sollen die gefundenen Strukturen durch Tiefbohrungen auf Erdöl- und Erdgasvorkommen getestet werden. Bereits im Sommer 1962 wird mit dem Abteufen einer Tiefbohrung bei Kreuzlingen begonnen. D.

Fortschreitende Erdölerschließung in Libyen

Die Erschließung der reichen Erdölvorkommen Libyens, deren Umfang sich laufend durch neuentdeckte Lagerstätten vergrößert, befindet sich in voller Entwicklung. Nach Fertigstellen der Pipeline, die das Dahra-Feld südwestlich der Libyschen Bucht mit dem Hafen Es Sider verbindet, ist mit der Verschiffung von dort im Juni dieses Jahres begonnen worden. 1961 waren die Felder Defa, Waha und Gialo südlich von Zelten das Hauptgebiet erfolgreicher Erkundungsarbeiten. Im Defa-Feld kam zu drei fündigen Bohrungen eine vierte, etwas weniger ergiebige hinzu. Im Waha-Feld wurden vier Bohrungen mit 34 bis 72 t täglich aus 1850 m Tiefe fündig. Die Grenzen des Feldes sind noch nicht ermittelt. Die bedeutendste Entdeckung in diesem Gebiet ist jedoch Gialo, etwa 90 Meilen ENE des Waha-Feldes. Die ersten Bohrungen trafen auf eine 60 m mächtige produktive Schicht in 800 m Teufe, die an zwei Punkten im Abstand von 3,5 Meilen gefunden wurde, und eine zweite, wahrscheinlich produktive Schicht in 1100 m Teufe. Sieben Bohrungen wurden in einem acht Meilen langen und fünf Meilen breiten Bereich auf diesen wegen der geringen Teufen und niedrigen Bohrkosten aussichtsreichen Horizont niedergebracht. Fündig mit 16 bis 23 t täglich wurden auch Bohrungen 65 Meilen westlich des Defa-Feldes in 2100 bis 2300 m Teufe und 25 Meilen nordöstlich dieses Punktes bei 1900 m mit 33 t täglich. Ferner wurden Bohrungen nordwestlich des Waha-Feldes und südwestlich des Gialo-Feldes in etwa den gleichen Teufen mit ähnlichem Ergebnis fündig (The Petroleum Times, 18. 5. 1962).

In Anbetracht dieser Erolge wird die Verbindung dieser Felder mit dem Mittelmeer durch eine neue Pipeline zur Notwendigkeit. Die Entfernung bis Dahra beträgt 155 Meilen.

Ha.

Bedeutsame Erdgasfunde in Kanada

Zehn Kilometer südöstlich des Erdölfeldes Kaybob in Alberta, Kanada, wurde ein bedeutsames Erdgasvorkommen entdeckt. Die Testproduktion ergab etwa 300000 m³ pro Tag. Es handelt sich dabei um einen Unterkreidehorizont. Im gleichen Feld wurde eine andere Bohrung im Devon mit fast 420000 m³ pro Tag fündig.

Die Bohrung Beaver River A—2 in British Columbia (4140 m) brachte beim Test eine Menge von 850000 m³ pro Tag bei $^5/_8$''-Düse, ebenfalls aus dem Devon. —K—

Erze

Neue Aufbereitungsanlage in Ungarn

In Rudabánya (VR Ungarn) ist ein Erzanreicherungswerk errichtet worden, welches die nur schwach eisenhaltigen Erze dieser Gegend anreichern soll. Das Werk besitzt eine Verarbeitungskapazität von jährlich 400000 t Erz. Der Fe-Gehalt der Erze soll in der Anlage von 24% auf 42—45% gesteigert werden. Da die bei Rudabánya abgebauten Erze auch Baryt enthalten, soll nach der Fertigstellung des Erzanreicherungswerkes auch eine Anlage zur Gewinnung des Baryts errichtet werden. Der hier anfallende Baryt soll zur Deckung des Bedarfs der ungarischen Industrie ausreichen.

—D—

Eisen und Stahl in Lateinamerika

Ein Überblick über die Eisen- und Stahlproduktion der Länder Lateinamerikas wurde auf einer Tagung des Lateinamerikanischen Instituts für Eisen und Stahl in Buenos Aires gegeben. Danach hat diese Produktion in den letzten fünf Jahren jährlich um 15% zugenommen. Über eine Mrd. Dollar sollen in neue Projekte investiert werden. 1965 wird die Gesamtproduktion von Rohstahl voraussichtlich die Höhe von 11 Mill. t (1960: 4,8) und die von Walzwerkerzeugnissen die Höhe von 9 Mill. t erreichen. Folgende zu erwartende Produktionshöhen (an Walzstahl) wurden für die wichtigsten Länder für 1965 angegeben (in Mill. t): Brasilien 3,1; Argentinien 2,1; Mexiko 2,2; Venezuela 0,36; Chile 0,46; Kolumbien 0,25; Peru 0,10. —Ha—

Neue Kupfererzvorkommen in der VR Bulgarien

Außer den Eisenerzvorkommen in Kremikovzi wurden in den letzten Jahren die reichhaltigen Kupfererzvorkommen Medet im Sredna-Gora-Gebirge erschlossen. Der Abbau soll im Juli 1963 beginnen und in der ersten Periode rd. 120 Mill. t Kupfererz liefern. —D—

Neue kubanische Kupfervorkommen

Kubas bekannteste und größte Kupfermine bei der Stadt Matahambre im Norden der Provinz Pinar del Rio wird 1962 144000 t Kupfererz fördern. Durch Anreicherung ergibt dies 17000 t Kupferkonzentrat mit einem Gehalt von 31% Kupfer. Diese Produktionsmenge übersteigt die Förderleistung des Vorjahrs um mehr als das Doppelte.

Die Kupferlagerstätten von Matahambre sind seit 1913 bekannt und erschlossen. Geologische Erkundungsarbeiten, die nach dem Siege der kubanischen Revolution durchgeführt wurden, führten zur Entdeckung neuer Vorkommen im Norden der Provinz Pinar del Rio, deren Erschließung eine Steigerung der Förderung auf etwa 500000 t ermöglichen wird.

Weitere bekannte Kupferlagerstätten befinden sich in der Nähe der Provinzhauptstadt Matanzas und am Nordrande der Provinz Oriente. Der Vorteil dieser Lagerstätten liegt in ihrer geringen Tiefe. In der Provinz Pinar del Rio dagegen, wo sich die reichsten Vorkommen befinden, müssen Schächte bis zu einer Teufe von 1500 m niedergebracht werden. D.

Cäsium — ein wichtiges Metall für die Zukunft

Cäsium, ein 1861 von Bunsen entdecktes Alkalimetall von dem spezifischen Gewicht 1,87, das bei 28,4 °C schmilzt, bei 705 °C siedet, bei Berührung mit Sauerstoff unter starkem Glühen verbrennt und bei Berührung mit Wasser explodiert, scheint künftig erhebliche Bedeutung gewinnen zu sollen. Wie W. B. Seward von den DOW Chemical, Midland USA, in „Metall", H. 1, Juli 1962, über Gewinnung und Verwendung dieses Metalls ausführt, dürfte es nämlich als Treibstoff für ein Raumschiff im luftleeren Weltraum (in der Erdatmosphäre ist es nicht verwendbar) alle bis jetzt bekannten flüssigen oder festen Treibstoffe bei weitem übertreffen. Seward meint sogar, daß ein Raumschiff mit einem halben Kilogramm Cäsium in einem Ionenantrieb etwa 150mal so weit werde fliegen können wie mit jedem anderen Treibstoff. Der erste Versuchsflug zur Überprüfung der theoretischen Annahmen soll angeblich noch in diesem Jahre stattfinden. In dem „Ionenmotor" wird das Cäsium in einem Boiler verdampft und tritt dann durch eine beheizte Platte aus porösem Wolfram aus. Die Cäsiumatome werden durch Elektroneneinfang des Wolframs ionisiert. Die positiven Ionen werden durch ein elektrisches Feld auf eine Geschwindigkeit von 500000 km²/h beschleunigt, und der Ionenstrom wird durch eine Raketendüse ausgestoßen.

Cäsiumbromid, das aus Polliciterz oder Lepidolith-Rückständen gewinnbar ist, kann unter Verwendung von flüssigem Brom von anderen Alkalibromiden getrennt werden, worauf man durch einen Reduktionsprozeß reines Cäsium erhält. Wirtschaftliche Bedeutung gewann dieses Metall schon 1926 durch die Verwendung für photoelektrische Zellen. Es wird ferner für Infrarotgeräte gebraucht und außerdem in der Medizin, in Atomuhren, in der Fernsehtechnik, bei der Gewinnung von Atomenergie, in Thermo-Ionen-Gleichrichtern sowie in der Keramik und der Metallurgie verwandt. Ursprünglich nur eine Laboratoriumskuriosität, scheint dieses hochinteressante Metall heute eine große Zukunft zu haben. Ha.

Sonstiges

Erkundung mittels Radar

Die Anwendung von Radarbeobachtungen bei der geologischen Erkundung, insbesondere der Erkundung von Erdöllagerstätten, steckt noch in den Anfängen. Die erforderlichen Spezialmethoden müssen noch vervollkommnet werden. Für die „Radargeologie" zeichnen sich jedoch bereits weitgehende Möglichkeiten ab. In „World Oil", Juli 1962, S. 130—137, gibt A. M. Feder, Leiter der Terrain Analysis Section, Geosciences Dept., Texas, einen Überblick. Er unterscheidet sieben Leistungen, zu denen die Radarbeobachtung grundsätzlich imstande ist. Sie vermag:

1. Komposition und Bedingungen der Schicht unterhalb des zutage liegenden Gesteins und der Bodenoberfläche zu ermitteln,

2. die Vegetationsschicht zu durchdringen und Daten über deren Unterfläche zu liefern,

3. die Textur des Materials nahe der Oberfläche bis zu kleinen Korngrößen direkt festzustellen und bei feinerem Material Schlußfolgerungen zu ermöglichen,

4. den Feuchtigkeitsgehalt des Bodens zu ermitteln, falls Temperaturdaten verfügbar sind, und umgekehrt,

5. wenn Feuchtigkeitsdaten gegeben sind, die Temperatur zu ermitteln,

6. den Metallgehalt des zutage liegenden und des oberflächennahen Materials festzustellen und

7. die Beschaffenheit einer Schneedecke sowie des von ihr bedeckten Bodens zu ermitteln.

Diese sehr weitgehende Perspektive schränkt FEDER allerdings dahin ein, daß die Grenzen, bis zu denen dies alles möglich sei, zunächst erkannt werden müßten. Dies um so mehr, als die bisher durch Radar gewonnenen geologischen Daten nur Nebenergebnisse bei Beobachtungen mit anderer Zielsetzung waren.

Die „Radargeologie" läßt sich definieren als die Technik, elektromagnetische Informationen durch Wellen von 0,536 bis 103 cm Wellenlänge (λ), die von Bodenober- und Grenzflächen und Bodentexturen in geringen Tiefen reflektiert werden, zu interpretieren. Dieser Wellenbereich enthält sieben Radarbanden, von denen bisher sechs ausgewertet wurden. Jede dieser Banden erfordert eine besondere Sende- und Echoempfangsausrüstung; denn jede Wellenlänge hat ihre auswertbaren Charakteristiken bei der Durchdringung von Atmosphäre und Bodenmaterial. Die Ka-Bande (λ= 0,834 bis 0,909) hat eine sehr geringe Eindringtiefe, liefert aber gute topographische Daten, während Wellen des 10-m-Bereichs viele Meter festen Bodens (z. B. 8 m Sandboden mit 16,8% Feuchtigkeitsgehalt) durchdringen, ehe sie von einer Grenzfläche reflektiert werden.

Radar ist für eine Reihe von geologischen Aufgaben anwendbar, von der topographischen Kartierung bis zur schnellen Ermittlung von Schichtgrenzen und strukturellen Gegebenheiten. Wie der „Fotogeologe" bedarf der „Radargeologe" einer besonderen Befähigung zur technischen Anpassung an die jeweilige Aufgabe und zur Ausdeutung der erzielten Informationen. Nur unter dieser Voraussetzung kann z. B. eine Radarkartierung mittels eines Ka-Banden-Systems die Qualität einer vollwertigen topographischen Kartierung erreichen. Radar ist somit kein Zauberinstrument für alle Aufgaben der Erkundung, verspricht aber, zu einer erheblichen Ergänzung der anderen technischen Mittel zu werden. HAVEMANN

Neuer Tiefenrekord in Westdeutschland

Die Aufschlußbohrung Kallmoor Z 1, die etwa 35 km südwestlich Hamburg angesetzt wurde, ist bei einer Endteufe von 5354,3 m eingestellt worden. Kallmoor Z 1 ist damit die bisher tiefste Bohrung in Westdeutschland.

Sie wurde im Rahmen eines seit mehreren Jahren laufenden Programms zur systematischen Untersuchung der Gasführung des nordwestdeutschen Zechsteins niedergebracht. Der mittlere Zechstein wurde in rd. 4700 m erreicht, enthielt aber keinerlei Speichergesteine. Da der technische Zustand der Bohrung einwandfrei war, wurde sie weiter vertieft und traf dann das Rotliegende in großer Mächtigkeit und in einem bisher unbekannten Typ an. Die enge Verknüpfung von Salzlagern und Sandsteinen führte bei starken Spülverlusten jedoch zu großen technischen Schwierigkeiten, so daß die Bohrung, noch im Rotliegenden stehend, eingestellt werden mußte.

Kallmoor hat einen Aufwand von rd. 9 Mill. DM erfordert. Die gewonnenen geologischen und technischen Erfahrungen werden von großem Wert für die weitere Erkundung des tieferen Untergrundes in Nordwestdeutschland sein. —D—

Kurznachrichten

Die **Sowjetunion** hat damit begonnen, auf **Spitzbergen** nach **Erdöl** zu bohren. Die nordamerikanische Caltex-Gesellschaft ist bereits seit einigen Jahren auf der Suche nach Erdöl auf Spitzbergen.

Das **jugoslawische Ölfeld** bei Koprivnica im **Dravetal** soll nach Schätzungen der Fachleute bis zu 1000 t Rohöl täglich liefern können. Bei dem Ölfeld Koprivnica handelt es sich um das dritte im Dravetal entdeckte Feld.

Ein neues **Erdölfeld** wurde in **Alberta** (Kanada) entdeckt. Die erste Aufschlußbohrung ergab bereits einen Zufluß von 64 m^3 pro Tag.

Im **Persischen Golf** wurde eine 4,5 km südwestlich der Insel Kharg nahe der iranischen Küste 48 m unter Wasser angesetzte und bis auf 3350 m niedergebrachte **Erdölbohrung** fündig. Die tägliche Förderung soll 170 t betragen.

Bei Cabo Virgenes in der argentinischen Provinz Santa Cruz wurde ein **Erdölvorkommen** erbohrt. Die erste fündige Sonde liefert täglich 240 bis 360 t Rohöl und 200000 m^3 Erdgas.

Auf der kanadischen Arktisinsel **Melville-Island** wurde eine erste **Erdölsuchbohrung** angesetzt, die bis 3000 m Tiefe niedergebracht werden soll.

Syrien, bisher nur Transitland für **Erdöl**, wird ab 1964 aus dem Vorkommen von Karachuk (Nordsyrien), wo von 11 Bohrungen sieben fündig wurden, Öl fördern. Auch bei Suwaiddya gelegene Felder werden erschlossen.

Ein neues großes **Methangasvorkommen** ist bei San Cataldo auf **Sizilien** entdeckt worden. Der Lagerinhalt soll sich auf ca. 50 Mrd. m^3 belaufen.

Das erdölchemische Werk am Busento (Süditalien) wird voraussichtlich 0,6 Mill. m^3 **Erdgas** täglich aus dem Vorkommen von **Ferrandina** verarbeiten. Die Produktion wird 1963 anlaufen.

Das bei Pilbara, nördlich von Perth in **Westaustralien**, kürzlich entdeckte **Eisenerzvorkommen** soll angeblich eines der größten der Welt sein.

Ein **Stahlwerk** und ein Röhrenwerk in **Irak**, die 5000 t Rohre und 4000 t andere Erzeugnisse jährlich liefern werden, soll nördlich von Bagdad mit sowjetischer Hilfe errichtet werden.

In der **Republik Kamerun** sind bis Ende vergangenen Jahres insgesamt **Bauxit**vorräte in Höhe von 1 Mrd. t nachgewiesen worden.

Die Produktion von Roh-**Flußspat** in den **USA** erreichte im 2. Quartal 1961 134000 t. Die Einfuhr an Flußspat für den gleichen Zeitraum belief sich auf 147100 t.

Ein neues **Stahlveredlungsverfahren** unter Verwendung eines Niobzusatzes hat sich die Great Lakes Steel Division (USA) patentieren lassen. Dieser Stahl soll bei geringerem Gewicht und niedrigeren Produktionskosten eine hohe Festigkeit besitzen.

Der Ausbau des **Mont-Blanc-Tunnels**, der 106 km lang bis 2700 m unter der Oberfläche verläuft, verzögert sich wegen starker Wassereinbrüche auf italienischer Seite (Zuflußmenge bis 1,170 l/sec).

Aus dem Flußbett des Rio Claro in **Ostvenezuela**, wo kürzlich **Diamanten** gefunden wurden, konnten in den ersten 24 Stunden nach der Entdeckung Diamanten im Werte von etwa 1 Mill. Bolivares (880000 DM) durch Taucher zutage gefördert werden.

Etwa 900 **Diamanten**, bis zu 90% Schmuckdiamanten, wurden aus dem neuentdeckten Vorkommen an der „Skeleton Coast" in **Südwestafrika** etwa 20 km von der Küste gefördert.

Bei Narssarq in **Südgrönland** werden gegenwärtig 200 t **Uranerz** gewonnen, um von der dänischen Atomversuchsstation Risö auf einen wirtschaftlich lohnenden Abbau des Vorkommens hin untersucht zu werden. Aus 12 Mill. t Gestein werden 3500 t Uran und 10000 t Thorium erhofft.

In den nächsten Heften
der

Zeitschrift für angewandte Geologie

erscheinen u. a. folgende Beiträge

J. VERFEL: Injektionsschleier in Felsgesteinen
M. KOLÁROVÁ: Ergebnisse komplexer hydrogeologischer Untersuchungen im Cheb-Becken
I. ORMANDY: Hydrologische Probleme im Steinkohlenrevier von Ostrava – Karviná
D. FRANKE: Der Begriff Fazies (2. Teil)
M. FISCHER: Gesteinstechnische Untersuchungen der Quarzporphyre im Raume Wurzen (Nordwestsachsen)
H. KALÄHNE: Die Entwässerung im Kohlenbergbau der Lausitz
M. WÜNSCHE & W. B. OEHME: Die Eignung der Deckgebirgsschichten in den Vorfeldern der Braunkohlentagebaue Böhlen und Espenhain für die Wiederurbarmachung
W. OESTREICH: Hydrochemische Untersuchungen im Thüringer Wald südlich Ilmenau
N. I. POLEWAJA: Eine geochronologische Skala nach Altersbestimmungen an Glaukoniten
H. REH: Über einen neuen Beitrag zur Mineralogie und Genese der Sudbury-Erze
I. I. GINSBURG: Grundfragen der Bildung von Verwitterungskrusten und ihre Bedeutung beim Aufsuchen von Minerallagerstätten

Herausgeber: Staatliche Geologische Kommission und Zentrale Vorratskommission für mineralische Rohstoffe der Deutschen Demokratischen Republik. Für die kollektive Chefredaktion: Dr. K. KAUTER (Redaktionssekretär), Berlin. Redaktion: Berlin N 4, Invalidenstraße 44. Verlag: Akademie-Verlag GmbH, Berlin W 8, Leipziger Straße 3–4 (Fernsprecher 220441, Telex 011773, Postscheckkonto: Berlin 35021). Bestellnummer des Heftes 1047/9/1. Die „Zeitschrift für angewandte Geologie“ erscheint monatlich. Bezugspreis 2,– DM je Heft. – Satz und Druck: Druckhaus „Maxim Gorki“, Altenburg. Veröffentlicht unter der Lizenznummer 1279 des Presseamtes beim Vorsitzenden des Ministerrates. Karten: MdI der DDR, Nr. 8072

Kolibri 360 GmbH
Ferdinand-Jühlke-Straße 7
99095 Erfurt, Deutschland
produktsicherheit@kolibri360.de